प्रौद्योगिकी के लगातार विकसित हो रहे परिदृश्य में, एक नयी सीमा उभर रही है जो हमारी दुनिया को उन तरीक़ों से नया आकार देने का वादा करती है जिनकी हम शायद ही कल्पना कर सकते हैं। यह सीमा क्वांटम ए.आई. है, जो क्वांटम कम्प्यूटिंग और कृत्रिम बुद्धिमत्ता का शक्तिशाली संलयन है। यह एक ऐसा क्षेत्र है जो वित्त से लेकर स्वास्थ्य सेवा तक सभी उद्योगों में अत्यधिक उत्साह और अटकलें पैदा कर रहा है...

वित्त के लिए क्वांटम ए.आई. एक स्वचालित ट्रेडिंग प्लेटफ़ार्म है जो क्रिप्टोक्यूरेंसी बाज़ार डेटा एकत्र करता है, उसका विश्लेषण करता है, और फिर उस ज्ञान को आपके लिए चतुर, जानकार निर्णय लेने के लिए लागू करता है। एक बार जब आप व्यापार करने के लिए लाइव खाते पर स्विच करते हैं, तो एल्गोरिदम आपकी ओर से व्यापार करना शुरू कर देता है ।

प्रस्तुत पुस्तक *ए.आई. का नया संसार* में आपको नये अवसर नयी सम्भावनाओं की जादुई तकनीक समझने का अवसर मिलता है। मेरा दावा है कि आर्टिफ़िशियल इंटेलिजेंस अगले कुछ ही वर्षों में दुनिया के विश्लेषण करने की सभी तकनीक, सृजन करने के सभी तौर तरीक़े, शोध और आविष्कार के सभी वर्तमान मानकों को बदल कर रख देगा। यह पुस्तक हमारे पाठकों को एक नये अनुभव और ज्ञान से गुज़रने का रास्ता देगी यह तय है।

अवधेश सिंह

लेखक एक पूर्व टेक्नोक्रेट एवं आई.टी. विशेषज्ञ हैं तथा तकनीकी शिक्ष संस्थानों से जुड़े रहे हैं। उन्होंने कृत्रिम बुद्धिमत्ता और आई.टी. पर कई पुस्त लिखी हैं। नियमित ब्लागर हैं। शोध-पत्र प्रकाशित किये हैं। उन्होंने इलेक्ट्रॉनिव और दूरसंचार क्षेत्र में 30 से अधिक वर्षों तक काम किया है। इसके साथ साहित्य की विभिन्न विधाओं जैसे कविता, दोहे, कहानी, आलेख, समीक्षा आलोचना इत्यादि पर कुल 15 पुस्तकें प्रकाशित हैं।

सम्पर्क : 9868228699

ईमेल : apcskp@hotmail.com

ए.आई. का नया संसार

नये अवसर, नयी सम्भावनाओं की जादुई तकनीक?

अवधेश सिंह

वाणी बिज़नेस

उद्योग, तकनीक व अनुसंधान को समर्पित उपक्रम

vaniprakashan.com

पेपरबैक पहला संस्करण : 2026

वाणी प्रकाशन ग्रुप

4695, 21-ए, दरियागंज, नयी दिल्ली-110 002

फ़ोन : + 91 11 23273167, 23275710

शाखाएँ

अशोक राजपथ, पटना-800 004, बिहार

कॉफ़ी हाउस कैम्पस, महात्मा गांधी मार्ग, प्रयागराज-211 001, उत्तर प्रदेश

महात्मा गांधी अन्तरराष्ट्रीय हिन्दी विश्वविद्यालय, वर्धा-442 001, महाराष्ट्र

sales@vaniprakashan.in

vaniprakashan@gmail.com

A.I. Ka Naya Sansar
Naye Avasar, Nai Sambhavnaon Ki Jadui Technique?
by Awadhesh Singh

ISBN : 978-93-7348-203-3
Technology

मूल्य : ₹ 195

आर. टेक. ऑफ़सेट, दिल्ली-110 032 में मुद्रित

वाणी प्रकाशन का लोगो मक़बूल फ़िदा हुसैन की कूची से

माँ-पिता एवं गुरुजनों की
पावन स्मृतियों को समर्पित

सूचना क्रान्ति के बाद अब ए.आई. का नया संसार

वर्नियर केलिपर्स और स्क्रू गेज के साथ मैंने जब 11-12 वर्ष की उम्र में विज्ञान के मेज़रींग टूल्स के साथ पढ़ाई की थी तब ये टूल्स मेरे लिए बड़े कौतूहल का विषय थे। उसके बाद जब 1991 में मैंने 286 बेसिक पर्सनल कम्प्यूटर को ख़रीदा तब भी एक कौतूहल के साथ डेटा-बेस टेक्नीक से नये-नये प्रयोग करते हुए आश्चर्य होता रहता था। सूचना क्रान्ति और विंडोज़ बेस्ड पर्सनल कम्प्यूटर के दौर को मैंने व्यक्तिगत तौर पर जिया है। कम्प्यूटर से जुड़े विभागीय कार्यों को लगातार 15 वर्षों तक प्रमुखता से करने का प्रतिफल ही यह दूसरी पुस्तक "ए.आई. का नया संसार" आपके सामने रख पा रहा हूँ। पहली पुस्तक में जहाँ आर्टिफ़िशियल इंटेलिजेंस की शुरुआती जानकारी को प्रस्तुत किया था वहीं यह दूसरी पुस्तक आर्टिफ़िशियल इंटेलिजेंस से जुड़ी नयी क्रान्ति का विस्तृत लेखा-जोखा है। उदारीकरण के वर्तमान दौर में नभ जल थल का एक-एक कण इससे अछूता नहीं है, इसलिए यह एक ज़रूरी पुस्तक है जिसमें मुझे तथ्यपूरक लिखने में एक वर्ष से ज़्यादा का समय लगा।

आपको अवगत हो कम्प्यूटर इंचार्ज के रूप में मेरी पहली तैनाती वर्ष 1995 में हुई, जबकि एक विद्यार्थी के रूप में मैंने अपना पहला कम्प्यूटर 1992 में पीसी-286 ख़रीदा था, यह उस वक़्त की बात है जब

पर्सनल कम्प्यूटर जैसा शब्द अप्रचलित हुआ करता था। सूचना क्रान्ति में लगातार दुनिया की व्यवस्थाएँ कम्प्यूटरीकरण के अंतर्गत आती गयीं और वर्ष 1995 से 2000 तक बहुत सी नयी-नयी तकनीकी के द्वारा सभी प्रकार की व्यवस्था में परिवर्तन का नया इतिहास बना, पूरी दुनिया एक दूसरे से जुड़ती गयी, परस्पर प्यार–व्यापार और समझ से नयी प्रकार की सांस्कृतिक और सामाजिक व्यवस्था बनती गयी। 1970 में आये बेसिक टेलीफ़ोन से, 1990 में आये पेज़र, फिर 2000 में आये मोबाइल फोन की 2 जी टेक्नॉलाजी से अब 2023 तक की 5 जी तक का सफ़र लगातार सुविधा व्यवस्था की नयी-नयी पेशकश बन रही है, दुनिया इसको आत्मसात करने की दिशा में जितना तेज़ बन रही है उससे दोगुनी गति से यह तकनीक भी चल-बदल रही है।

आर्टिफ़िशियल इंटेलिजेंस की इस पुस्तक में मैंने उन सभी बिन्दुओं को स्पर्श किया है जहाँ ए.आई. इंटरफ़ेस मौजूद है या होने की सम्भावना है, व्यावसायिक प्रतिस्पर्धा, सामरिक बढ़त, रोज़गार–व्यवसाय, शिक्षण व्यवस्था, निगरानी–सुरक्षा के साथ इसके सभी काले पक्ष पर मैंने स्पष्ट लिखा है।

मौलिकता और शोध पर सीधे तौर पर अधिकार जमाने को तैयार यह प्रविधि अब तक का अजूबा है। वैश्विक स्तर पर यह हमारे जीवन से जुड़े प्रश्नों में सीधा हस्तक्षेप कर रहा है। मानवीयता और मशीन के बीच अन्तर को ख़त्म करने का यह प्रयास पृथ्वी को और कितना बनावटी, संदेहास्पद, डरावना बना देगा उसकी कल्पना करना मुश्किल है, लेकिन इतनी आशा तो की जा सकती है कि इसके माध्यम से उन तमाम वैश्विक मानवीय संकटों से निजात मिल जायेगी जिसका हल मिलना अभी सम्भव नहीं है। आर्टिफ़िशियल इंटेलिजेंस एक नये प्रकार का आदेश-अनुशासन, जीवनशैली, कार्यशैली के बदलाव का कारण भी बनेगा तथा मानव समाज की सुरक्षा और स्वस्थ्य से जुड़ी तमाम चुनौतियों का समाधान

भी देगा। इस पुस्तक के माध्यम से अभी से आप होने वाले नये परिदृश्य के अग्रिम जानकार बने तथा आर्टिफ़िशियल इंटेलिजेंस के माध्यम से सम्भावित नये प्रकार के अपराध, धोखा तथा अनैतिकता से ख़ुद की रक्षा करने की तरकीबों पर चिन्तन करना शुरू कर दें। हालाँकि, सरकार और उससे जुड़ी सभी संस्थाएँ वैश्विक स्तर पर नैतिकता और अनैतिकता के बीच एक उजली लकीर खींचने को प्रयासरत हैं।

आर्टिफ़िशियल इंटेलिजेंस पर यह मेरी सामयिक और एकदम नयी पेशकश है अवगत हो कि डेटा क्या है, उसे कैसे बनाते हैं, कैसे स्टोर करते हैं, फिर उसे कैसे मैनीपुलेट करते हुए मनचाही रिपोर्ट में बदल देते हैं, यह ज्ञान मैंने 1995 के दौरान कम्प्यूटर की एप्लिकेशन लेंगवेज़ डी-बेस और लोटस के अध्यन के दौरान सीखा था और तब छोटी-छोटी प्रोग्रामिंग में इसका उपयोग भी करता रहा था। इसलिए मुझे यह तो पता है कि आपके पास यदि डेटा है तो आप उसको अलग-अलग प्रकार से अपनी आवश्यकता के अनुसार उपयोग में ले सकते हैं। ए.आई. का मुख्य काम इसी प्रकार से असंख्य संगृहीत डेटा को खंगालकर, व्यवस्थित कर, मनचाहे रूप में प्रस्तुत करना और उसका विश्लेषण या सुझाव करना है। मैंने इस पर केन्द्रित एक पूरा अध्याय इस पुस्तक में अलग से दिया हुआ है।

आर्टिफ़िशियल इंटेलिजेंस की ताकत यह डेटा बेस ही है जो विभिन्न श्रोतों से एकत्र होकर, एक स्थान पर संगृहीत होता है और ए.आई. अपनी आवश्यकता के अनुसार इसी डेटाबेस से अपने परिणाम निकाल कर हमारे सम्मुख प्रस्तुत कर देता है, बस यही मेरे लिए कौतूहल का बिन्दु बना।

पिछले वर्ष जब से विश्व के दो देशों को राजनैतिक प्रतिस्पर्धा या वर्चस्व के चलते युद्धरत देखा तो हमें यह एहसास होने लगा कि सामरिक रणनीति में भी ए.आई. का दख़ल पूरी तरह हो चुका है। इज़रायल-गाज़ा

तथा रूस-यूक्रेन युद्ध में जिस तरह ड्रोन के इस्तेमाल ने जहाँ पारम्परिक युद्ध के अस्त्रों को पीछे धकेल दिया वहीं गाइडेड मिसाइल ने दुश्मन के घर में घुसकर सटीक विध्वंस को अंजाम दिया, यह किसी से छिपा नहीं है। उसी तरह वैश्विक स्तर पर चुनाव के दौरान सूचना प्रचार-प्रसार में क्लस्टर बेस्ड मानवीय समूहों को जिस प्रकार से प्रभावित किया वह भी नीतिकारों को हौसला बढ़ाने वाली तकनीकी लगी। अभी हाल में सम्पन्न हुए अमेरिका के चुनाव में पारम्परिक टेलीविज़न या रेडियो से ज़्यादा महत्त्व सोशल मीडिया को दिया गया, यह इसका ताज़ा उदाहरण है।

प्रस्तुत पुस्तक ए.आई. का नया संसार-नये अवसर नयी सम्भावनाओं की जादुई तकनीक? में प्रस्तुत ग्यारह विभिन्न चैप्टर में वर्णित विभिन्न शीर्षकों से सुसज्जित हमारी शोधपूर्ण और अनुभव जनित रिपोर्ट को आप पढ़ें। मेरा दावा है कि आर्टिफ़िशियल इंटेलिजेंस अगले कुछ ही वर्षों में दुनिया के विश्लेषण करने की सभी तकनीक, सृजन करने के सभी तौर तरीक़े, शोध और आविष्कार के सभी वर्तमान मानकों को बदलकर रख देगा। यह पुस्तक हमारे पाठकों को एक नये अनुभव और ज्ञान से गुज़रने का रास्ता देगी, यह तय है।

–अवधेश सिंह कवि–लेखक–कहानीकार–स्तम्भकार

[सूचना प्रौद्योगिकी एवं टेलिकॉम स्वीचिंग विशेषज्ञ, सेवानिवृत प्रथम श्रेणी अधिकारी, टेलिकॉम इंजीनियरिंग सर्विसेज़ भारत सरकार एवं भारतीय सूचना सेवा]

सम्पर्क–9450213555, ईमेल–apcskp@hotmail.com

अनुक्रम

सूचना क्रान्ति के बाद अब ए.आई. का नया संसार 7

1. वित्तीय भविष्यवाणियाँ एवं बाज़ारी रुझानों के लिए क्वान्टम ए.आई. 13
2. ए.आई. द्वारा विश्व में सामरिक तकनीकी के बदलाव के दौर 21
3. ए.आई. प्रोफ़ेशनल स्टडीज़ को एड ऑन करने की होड़ 27
4. रोज़गार के नये अवसर—एडोब फ़ोटो शॉप, ई बुक मेकिंग 36
5. यू-ट्यूबर को ए.आई. की मदद–स्मार्ट वीडियो मेकर–डूडल मेकर... 49
6. लेखक बनिये–व्यावसायिक पुस्तक लिखें, कंटेन्ट राइटिंग करें 57
7. बुक पब्लिशिंग एण्ड एडिटिंग 66
8. अपराध जगत के नये पैंतरे–डीप फ़ेक द्वारा धोखा ठगी की बड़ी साजिश 73
9. अपराध जगत के नये पैंतरे–साइबर क्राइम–बैंक खातों में सेंध, डिजिटल अरेस्ट आदि 82

10. आन्तरिक सुरक्षा के नये टूल्स–ए.आई. डिटेक्टर 89
11. सम्भावनाएँ तलाशें–ए.आई. टूल्स डाइरेक्टरी आदि 92
लेखक परिचय 96

1

वित्तीय भविष्यवाणियाँ एवं बाज़ारी रुझानों के लिए क्वान्टम ए.आई.

बैंकिंग एवं इनवेस्टमेंट की सलाहकार की सेवाएँ आज एक प्रमुख सेवाएँ हैं, आपको ज्ञात हो कि सिर्फ़ स्टेट बैंक ऑफ़ इण्डिया में पिछले डेटा के अनुसार 17 करोड़ डी-मैट एकाउंट हैं तथा इस पर नियन्त्रण करने वाली एजेंसी की माने तो लगभग 20 करोड़ छोटे मझोले और बड़े इन्वेस्टर भारतीय शेयर बाज़ार से जुड़े हुए हैं। बैंकिंग एवं इनवेस्टमेंट के क्षेत्रों में कार्यरत प्रोफ़ेशनल को ए.आई. के महत्त्व को समझना ज़रूरी है, यदि वे अपने इन्वेस्टर के हितों की सुरक्षा के प्रति थोड़ा भी चिन्तित हैं। वित्तीय

भविष्यवाणियाँ एवं बाज़ारी रुझानों के लिए क्वान्टम ए.आई. को जानना बेहद ज़रूरी है।

क्वान्टम ए.आई. क्या है

क्वान्टम ए.आई. क्वान्टम कम्प्यूटिंग और कृत्रिम बुद्धिमत्ता का मिश्रण है, यह तकनीकी प्रगति में सुपर एडवांस लेवल के अंतर्गत आता है और बिल्कुल लेटेस्ट तकनीक है। क्वान्टम कम्प्यूटिंग और कृत्रिम बुद्धिमत्ता जैसे दो शक्तिशाली विषयों का यह तकनीकी जोड़ कम्प्यूटिंग के भविष्य को फिर से परिभाषित करने का दावा करता है।

क्वान्टम कम्प्यूटिंग वस्तुतः विभिन्न आँकड़ों, समय, परिस्थिति, मौसम, क़ीमतें आदि की एक-साथ गणना कर ऐसा नतीजा सुझा सकता है, जो ठीक हो। ये क्यूबिट्स पर काम करता है। क्यूबिट्स यानी वे कम्प्यूटर बिट्स जो नॉर्मल कम्प्यूटर में गणना करने वाले बिट्स की तुलना में काफ़ी तेज़ होते हैं। सिक्के को आसमान में उछाला जाये, घूमता सिक्का जब तक ज़मीन पर नहीं गिरेगा, तब तक ये नहीं कहा जा सकता है कि नतीजा हेड आयेगा या टेल, मगर क्वान्टम कम्प्यूटर ये दावे के साथ बता सकता है कि नतीजा क्या होगा? गूगल ने हाल ही में क्वान्टम कम्प्यूटर से गणना करने का दावा किया है, इसमें कहा गया है कि क्वान्टम कम्प्यूटर से जो गणना 6:18 सेकेण्ड में की गयी, उसे करने में सुपर कम्प्यूटर को 47 साल लग सकते हैं।

दुनिया भर में कई देश और निजी कम्पनियाँ क्वान्टम कम्प्यूटर बनाने में जुटी है। भारत में भी क्वान्टम मिशन शुरू हो चुका है, इसके लिए सरकार की ओर से 8 हज़ार करोड़ रुपये का बजट रखा गया है। अभी तक दुनिया भर में ज़्यादातर कम्पनियों की तरफ़ से अभी इसका प्रोटोटाइप ही तैयार किया जा सका है क्योंकि क्वान्टम कम्प्यूटर एक बड़ी चुनौती भी है। इसे सिर्फ़ ठण्डा रखने के लिए–270 डिग्री सेल्सियस

तापमान की आवश्यकता होती है। जर्नल ऑफ़ क्वान्टम इंफॉर्मेशन साइंस में प्रकाशित एक अध्ययन के अनुसार, छोटे पैमाने के क्वान्टम कम्प्यूटर के लिए औसत रिसर्च एंड डेवलपमेंट लागत $ 10 से $ 15 मिलियन यानि 83 करोड़ भारतीय रुपये से 130 करोड़ भारतीय रुपये के समकक्ष लागत तक हो सकती है। रिसर्च एंड डेवलपमेंट चरण में न केवल हार्डवेयर का विकास, बल्कि क्वान्टम एल्गोरिदम सहित सॉफ़्टवेयर का विकास भी शामिल है। क्वान्टम कम्प्यूटर का उपयोग दवा खोज में तथा पर्यावरण और स्वास्थ्य विज्ञान खोज में एक चमत्कार हो सकता है। इसी प्रकार, इसका वित्तीय मॉडल भी कम चमत्कारी नहीं है जहाँ क्वान्टम कम्प्यूटर से वित्तीय भविष्यवाणियाँ एवं बाज़ारी रुझानों के बारे में सटीक सुझाव प्राप्त किये जा सकते हैं।

क्वान्टम ए.आई. कृत्रिम बुद्धिमत्ता (ए.आई.) और क्वान्टम कम्प्यूटिंग का एक संयोजन है जो जानकारी को संसाधित करने और जटिल समस्याओं को हल करने के लिए क्वान्टम यान्त्रिकी का उपयोग करता है। क्वान्टम कम्प्यूटर क्वान्टम बिट्स या क्विबिट्स का उपयोग करते हैं, जो एक साथ कई स्थितियों में मौजूद हो सकते हैं। यह क्वान्टम कम्प्यूटरों को पारम्परिक कम्प्यूटरों की तुलना में बहुत तेज़ी से गणना करने की अनुमति देता है, जो बाइनरी बिट्स पर निर्भर होते हैं जो 0 भी हो सकते हैं। क्वान्टम ए.आई. तेज़ी से सुलभ होता जा रहा है, माइक्रोसॉफ़्ट, अमेज़न, गूगल और आईबीएम जैसे तकनीकी दिग्गज एक सेवा के रूप में क्वान्टम कम्प्यूटिंग की पेशकश कर रहे हैं।

प्रौद्योगिकी के लगातार विकसित हो रहे परिदृश्य में, एक नयी सीमा उभर रही है जो हमारी दुनिया को उन तरीक़ों से नया आकार देने का वादा करती है जिनकी हम शायद ही कल्पना कर सकते हैं। यह सीमा क्वान्टम ए.आई. है, जो क्वान्टम कम्प्यूटिंग और कृत्रिम बुद्धिमत्ता का शक्तिशाली संलयन है। यह एक ऐसा क्षेत्र है जो वित्त से लेकर स्वास्थ्य

सेवा तक सभी उद्योगों में अत्यधिक उत्साह और अटकलें पैदा कर रहा है और यह समझना मुश्किल नहीं है कि ऐसा क्यों है। क्वान्टम ए.आई. में जटिल समस्याओं को इतनी तेज़ी से हल करने की क्षमता है कि इसकी तुलना में हमारे सबसे उन्नत पारम्परिक कम्प्यूटर भी अबेकस की तरह दिखेंगे। ऐसा कहने वाले फोर्बेस (forbes) के लेखक बर्नार्ड मार्र हैं उनके अक्टूबर 8, 2024 के लेख ने आर्टिफ़िशियल इंटेलिजेंस में अगली सफलता शीर्षक ने "क्वान्टम ए.आई. हमारी दुनिया को नया आकार देगा" विषय पर गम्भीर नोट दिया।

उनका कहना है कि पारम्परिक कम्प्यूटर बिट्स का उपयोग करते हैं जो 0 या 1 हो सकते हैं, जबकि क्वान्टम कम्प्यूटर क्वान्टम बिट्स या क्विबिट्स का उपयोग करते हैं, जो सुपरपोजिशन नामक घटना के कारण एक-साथ कई स्तर में मौजूद हो सकते हैं। यह तकनीक क्वान्टम कम्प्यूटरों को विशेष रूप से बने कम्प्यूटरों की तुलना में कुछ गणनाएँ तेज़ी से करने की अनुमति देता है। यह आश्चर्यजनक कम्प्यूटेशनल शक्ति को कृत्रिम बुद्धिमत्ता की पैटर्न पहचान और सीखने की क्षमताओं के साथ संयोजित करने की कल्पना को साकार करता है। संक्षेप में, यह क्वान्टम ए.आई. है सघन विश्लेषण से त्वरित परिणाम या निष्कर्ष लेने की वह क्षमता है जो शक्ति को महान शक्ति बना दे। गौरतलब है कि मेडिकल, अंतरिक्ष तथा बाज़ार के विश्लेषण में डेटा का विश्लेषण करने, जटिल पैटर्न को पहचानने और सटीकता और गति के स्तर के साथ भविष्यवाणियाँ करने की क्षमता को इससे पहले असम्भव माना जाता था।

एलन मस्क का क्वान्टम ए.आई. एप

क्वान्टम ए.आई. से वित्तीय भविष्यवाणियाँ एवं बाज़ारी रुझानों के बारे में सटीक सुझाव प्राप्त किये जा सकते हैं, उक्त आधार पर अभी हाल में टेस्ला के सीओ एलन मस्क ने क्वान्टम ए.आई. नामक एक ट्रेडिंग प्लेटफ़ॉर्म लॉन्च किया है जिसे सोशल मीडिया प्लेटफ़ॉर्म पर व्यापक रूप

से साझा किया जा रहा है। लेकिन, इस वीडियो में दावे की सत्यता की जाँच करते वक़्त कुछ तथ्य संदिग्ध भी लगे।

फिलहाल एलन मस्क द्वारा क्वान्टम ए.आई. को एक स्मार्ट निवेश प्रणाली के रूप में विज्ञापित किया गया है जो "आपको 5 घण्टे में £1,320 कमाता है और ग़रीबी को ठीक करने में मदद करता है"।

एक ओर कुछ संस्थाओं ने अपनी खोज रिपोर्ट से इसे ब्लैकलिस्टेड किया है, वे क्वान्टम ए.आई. से जुड़े एलोन मस्क की सत्यता को नकारते हैं। लेकिन, दूसरी ओर क्वान्टम ए.आई. के संस्थापक और सीईओ यूनाइटेड किंगडम के **स्टीव वाट्स** द्वारा कहा गया है कि उनकी संस्था **सिक्योर एनवोय/SecurEnvoy Corporation पूरी तौर पर** मल्टी-

फ़ैक्टर प्रमाणीकरण और डेटा खोज सहित ज़ीरो ट्रस्ट यानी शून्य विश्वास पर काम करता है। यह उपयोगकर्ताओं, उपकरणों और डेटा की सुरक्षा करने वाला शून्य ट्रस्ट एक्सेस समाधान है। वहीं यूजर चार्जेस की बात करें तो क्वान्टम ए.आई. की सेवाओं का उपयोग करने की क़ीमत प्रत्येक लेनदेन के कुल मूल्य का 0.01% है।

इस प्रकार से क्वान्टम ए.आई. एक स्वचालित ट्रेडिंग प्लेटफ़ॉर्म है जो क्रिप्टोक्यूरेंसी बाज़ार डेटा एकत्र करता है, उसका विश्लेषण करता है और फिर उस ज्ञान को आपके लिए चतुर, जानकार निर्णय लेने के लिए लागू करता है। एक बार जब आप व्यापार करने के लिए लाइव खाते पर स्विच करते हैं, तो एल्गोरिदम आपकी ओर से व्यापार करना शुरू कर देगा।

लेकिन, आज जबकि ए.आई. बहुत तेज़ी से विकसित हो रहा है, जिसके लिए अधिकांश निगमों के लिए नैतिक सतर्कता और प्रौद्योगिकियों के त्वरित प्रयोग दोनों की आवश्यकता है, गति, लागत और एल्गोरिदम सीखने के कार्यों में जबरदस्त प्रगति के लिए क्वान्टम कम्प्यूटिंग द्वारा ए.आई. को उजागर किये जाने की सम्भावना है।

ए.आई. ट्रेडिंग सॉफ़्टवेयर में कई प्रकार के उपकरण शामिल हैं जो वित्तीय बाज़ारों में निवेशकों और व्यापारियों की सहायता के लिए कृत्रिम बुद्धिमत्ता का उपयोग करते हैं। इन्हें डेटा-संचालित अंतर्दृष्टि प्रदान करके और व्यापारिक क्रियाओं को स्वचालित करके निर्णय लेने की प्रक्रिया को बढ़ाने के लिए डिज़ाइन किया गया है

चूँकि, क्वान्टम ए.आई. ट्रेडिंग एप, जो कथित तौर पर एलन मस्क द्वारा समर्थित है, एक डिस्क्लेमर यह है कि क्रिप्टोकरेंसी और ट्रेडिंग घोटालों की बढ़ती संख्या का एक उदाहरण है। निवेशकों के लिए सावधानी बरतना, गहन शोध करना और सूचित निर्णय लेने के लिए विश्वसनीय स्रोतों पर भरोसा करना महत्त्वपूर्ण है। यूँ क्वान्टम ए.आई.

सतह पर तो आकर्षक लगता है, लेकिन ट्रेडिंग बॉट जोखिम भरे हैं और लाभ की गारंटी संदिग्ध है। प्लेटफ़ॉर्म का उपयोग करना आसान है, लेकिन आपके पास अपने ट्रेडों पर नियन्त्रण कम है।

क्या कहते हैं एलन मस्क

1. अपने जीवन को बदलने का अवसर मत चूकें
2. आज ही क्वान्टम ए.आई. से जुड़ें
3. एलन मस्क के साथ उच्चस्तरीय तकनीकी को अपनाएँ
4. पहले ही दिन से एक से एक हज़ार अमेरिकन डॉलर कमाएँ

डिस्क्लैमर नोट-उक्त एलन मस्क के कहे तथ्य को सत्यापित नहीं किया है पाठक अपने जोखिम पर उक्त पर विश्वास करें, लेखक की कोई भी ज़िम्मेदारी नहीं है।

2

ए.आई. द्वारा विश्व में सामरिक तकनीकी के बदलाव के दौर

हममे से सभी ने गूगल मैप की कभी-न-कभी सहायता ली होगी। किसी स्थान की लोकेशन को चिन्हित करने से लेकर किसी भी स्थान तक पहुँचने के लिए यह गूगल मैप सहायक बन रहा है। जीपीएस यानि ग्लोबल पोजिशनिंग सिस्टम नामक टेक्नॉलजी इसका आधार है। आपको यह बताना है कि जब ए.आई. ओपेन सोर्स सार्वजनिक नहीं किया गया था तब भी रिसर्च से जुड़ी संस्थाएँ या प्रौद्योगिकी बेचने

वाली संस्थाएँ ए.आई. का उपयोग कर रही थीं। वर्तमान में सामरिक तकनीकी में ए.आई. तकनीक में भरपूर उपयोग–प्रयोग ने पारम्परिक युद्ध से सम्बन्धित सामर्थ्य को बहुत पीछे छोड़ दिया है। सेनाओं का संख्या बल, अस्त्रों की उत्कृष्टता तथा उसका संख्या बल एवं रणनीतिकारों की नीतियाँ सब पर आज ए.आई. तकनीकी भारी पड़ रही है। खर्चीली गाइडेड मिसाइल के लक्ष्यों को अब ड्रोन से बदल दिया गया है। दुश्मन के क्षेत्र में घुसकर गोपनीयता के साथ लक्ष्य भेदना अब बहुत आसान हो गया है। वर्तमान में यूक्रेन और रूस के बीच चल रहे युद्ध में यह सबने देखा ही है। अब युद्ध में वर्चस्व के मामले में अमेरिका समर्थित इज़रायल की अभेद सुरक्षा प्रणाली कई बार छिन्न-भिन्न होकर बिखरती दिखी, वहीं यूक्रेन ने मॉस्को तक ड्रोन प्रहार किये।

आपको अवगत हो कि डार्क वेब और डीप वेब के अंतर्गत सहेजे जा रहे नित नये डेटा को संसाधित कर रहे रिसर्च बेस्ड कम्प्यूटर सर्वर अपने यूज़र को हर पल नयी ताज़ा स्थितियों का खुलासा करता चल रहा है। अभी पिछले दिनों इज़रायल के सभी सामरिक क्षेत्र से सम्बन्धित कम्प्यूटर्स को ईरान समर्थित हैकर्स ने सारे बेरियर तोड़कर उसके डेटा तक पहुँच ही नहीं बना ली, बल्कि सभी डेटा को प्रतिलिप बनाकर ईरान को सौंप दिया। इस कारण ईरान और इज़रायल के बीच बड़ा युद्ध होते बच गया, इज़रायल को अपने कदम पीछे रखने पड़े।

ए.आई. तकनीकी का इस्तेमाल सभी देश अपने स्तर पर कर रहे हैं, आपको याद होगा कि कैसे लेबनान स्थित हिज़बुल की कोर ताकत की कमर को इज़रायल ने पेज़र विस्फोट द्वारा कुछ ही पलों में ध्वस्त कर दिया था। यह ए.आई. तकनीकी का अब तक का सबसे बड़ा और बेमिसाल प्रयोग रहा, जबकि एक विशेष कम्पनी के द्वारा बनाये और वितरित ख़ास पेज़र की बैटरिज़ ने बम की तरह धमाके के साथ अपने उपयोगकर्ता तथा उसके अगल-बगल बड़ा ख़ून-खराबा किया। रक्षा क्षेत्र प्रशिक्षण, निगरानी, रसद, साइबर सुरक्षा, यूएवी, एलएडब्ल्यूएस जैसे

उन्नत सैन्य हथियार, स्वायत्त लड़ाकू वाहन और रोबोटिक्स के लिए ए.आई.-आधारित प्रौद्योगिकियों का उपयोग करता है।

आर्टिफ़िशियल इंटेलिजेंस (ए.आई.) में कई सैन्य अनुप्रयोग शामिल हैं

1. **इण्टरसेप्टर को मदद :** युद्धग्रस्त देशों के बीच युद्ध की तबाही से बचाव तथा बड़े हादसे की रोकथाम के लिए जो तकनीकी इन्तज़ाम किये गये हैं उनमें सबसे प्रमुख इन्तज़ाम इण्टरसेप्टर को मज़बूत रखना है। ए.आई. बैलिस्टिक मिसाइलों के रूप में दुश्मन देश से आने वाले ख़तरों को पहचानने और रोकने में मदद कर सकता है। ए.आई. किसी मिसाइल के सिग्नल को जाम करने के लिए उसके विद्युत चुम्बकीय हस्ताक्षर का विश्लेषण कर सकता है या इसे नष्ट करने के लिए इण्टरसेप्टर को निर्देशित कर सकता है। इस प्रकार से ए.आई. ख़तरों को रोकते हुए मिसाइल के प्रक्षेप पथ का निर्धारण करके और उसके लक्ष्य तक पहुँचने से पहले हस्तक्षेप करके आने वाले खतरों को रोकने में मदद कर सकता है।

2. **ओटोनॉमस वैपन सिस्टम प्रदाता** : मानव रहित विमान, ड्रोन आदि द्वारा शत्रु की पहचान और उस पर सटीक हमला करते हुए लक्ष्य को नेस्तानाबुद करने की रणनीति आज के युद्ध में आम तौर पर इस्तेमाल हो रही है, यह स्वायत्त प्रणालियाँ [autonomous weapon systems (AWS)] कहलाती हैं। ए.आई. का उपयोग स्वायत्त हथियार प्रणाली (एडब्ल्यूएस) बनाने के लिए किया जाता है जो मानव हस्तक्षेप के बिना लक्ष्य का चयन और हमला कर सकता है। ए.आई. का उपयोग सेल्फ ड्राइव वहिकेल, मानव रहित विमान आदि बनाने के लिए भी किया जा रहा है जो टोही, परिवहन आपूर्ति और युद्ध में शामिल हो सकते हैं। ड्रोन उपयोग निगरानी, लॉजिस्टिक्स और हथियार पहुँचाने सहित कई प्रकार के कार्य कर सकते हैं।
3. **लक्ष्य पहचान** : ए.आई. पैटर्न का पता लगाने और लक्ष्यों को ट्रैक करने के लिए बड़ी मात्रा में निगरानी डेटा, जैसे कि चित्र, ऑडियो और रडार सिग्नल का विश्लेषण कर सकता है। ए.आई. युद्ध के माहौल में लक्ष्य की स्थिति की पहचान करने में मदद कर सकता है।
4. **योजनाबद्ध पूर्वानुमानित रखरखाव** : मिलेटरी में ए.आई. तकनीकी का उपयोग किया जा रहा है। हर प्रकार के मिलेटरी ऑपरेशन में मेन्टीनेंस की चुनौतियों को ए.आई. तकनीकी ने सहज किया है। क्यों कि रखरखाव की ज़रूरतों का अनुमान लगाने के लिए ए.आई. वाहनों और उपकरणों से सेंसर डेटा का विश्लेषण कर सकता है। इसी प्रकार सैनिक क्षमता के प्रदर्शन को ज़्यादा प्रभावी बनाने में भी ए.आई. तकनीकी को इस्तेमाल किया जाने लगा है। ए.आई. तकनीकी को प्रशिक्षण व्यवस्था को अनुकूलित करने और युद्ध से सम्बन्धित सामरिक प्रदर्शन

को बढ़ाने के लिए उपयोग करते ही हैं, साथ में मोर्चे पर डटे सैनिकों की शारीरिक क्षमताओं से सम्बन्धित डेटा की रोज़मर्रा की नज़दीकी निगरानी में भी उपयोग करते हैं।

ए.आई. ने पारम्परिक हथियारों की मारक शक्ति में ज़बरदस्त बढ़ोतरी की है। आजकल कृत्रिम बुद्धिमत्ता (ए.आई.) का उपयोग लगभग हर देश में सैनिक ऑपरेशन में किया जा रहा है। संक्षिप्त में इसे सूचीबद्ध किया जा सकता है।

1. **साइबर सुरक्षा :** ए.आई. स्वायत्त रूप से नेटवर्क, कम्प्यूटर और डेटा की रक्षा करके सैन्य प्रणालियों को साइबर हमलों से बचा सकता है।
2. **लक्ष्य पहचान :** ए.आई. युद्ध के माहौल में लक्ष्य की स्थिति की पहचान करने में मदद कर सकता है।
3. **निगरानी और टोह :** ए.आई. पैटर्न का पता लगाने और लक्ष्यों को ट्रैक करने के लिए बड़ी मात्रा में निगरानी डेटा, जैसे कि चित्र, ऑडियो और रडार सिग्नल का विश्लेषण कर सकता है।
4. **ख़तरों को रोकना :** ए.आई. मिसाइल के प्रक्षेप पथ का निर्धारण करके और उसके लक्ष्य तक पहुँचने से पहले हस्तक्षेप करके आने वाले ख़तरों को रोकने में मदद कर सकता है।
5. **ड्रोन समूह :** यूएवी के ए.आई.-संचालित झुंड निगरानी, लॉजिस्टिक्स और हथियार पहुँचाने सहित कई प्रकार के कार्य कर सकते हैं।
6. **सैनिक प्रशिक्षण :** ए.आई. का उपयोग प्रशिक्षण के लिए किया जाता है।
7. **सैनिक साज सामान के लिए उन्नत लॉजिस्टिक्स :** ए.आई. का उपयोग लॉजिस्टिक्स के लिए किया जाता है।

8. **स्वायत्त लड़ाकू वाहन :** AI का उपयोग स्वायत्त लड़ाकू वाहनों में किया जाता है।
9. **रोबोटिक्स :** AI का उपयोग रोबोटिक्स में किया जाता है।

हालाँकि, सेना में ए.आई. के उपयोग को लेकर कुछ नैतिक और व्यावहारिक चिन्ताएँ हैं, जिनमें शामिल हैं :

1. **अप्रत्याशितता :** ए.आई. सिस्टम वास्तविक दुनिया के परिदृश्यों में अप्रत्याशित रूप से व्यवहार कर सकते हैं।
2. **हैकिंग के प्रति संवेदनशीलता :** ए.आई.-संचालित सिस्टम से विरोधियों द्वारा समझौता किया जा सकता है।
3. **डेटा निर्भरता :** ए.आई. सिस्टम को प्रभावी ढंग से कार्य करने के लिए बड़ी मात्रा में उच्च गुणवत्ता वाले डेटा की आवश्यकता होती है।
4. **नैतिक चिन्ताएँ :** स्वायत्त हथियारों का उपयोग युद्ध में मानव निर्णय लेने की भूमिका के बारे में नैतिक प्रश्न उठाता है।

3

ए.आई. प्रोफ़ेशनल स्टडीज़ को एड ऑन करने की होड़

अध्ययन और अध्यापन के क्षेत्र में दुनिया इस बीसवीं सदी में बहुत आगे बढ़ चुकी है। कोर इंजीनियरिंग और एडवांस मेडिकल स्टडीज़ को पहले प्रबन्धन के साथ जुड़ने पर वरीयता देने का लम्बा क्रम और रुझान दिखा, वहीं अब कुछ एक वर्षों से आर्टिफ़िशियल इंटेलिजेंस की जानकारी रखने वालों को महत्त्व दिया जाने लगा है। अध्ययन से जुड़े सभी पाठ्यक्रमों को अत्यधिक लचीला, टुकड़ों में तथा कस्टमाइज़ करने में ए.आई. का बेहतरीन और सफल प्रयोग सभी को आकर्षित कर रहा है।

हमें थोड़ा पीछे मुड़कर देखना चाहिए। वर्ष 1947 यानी स्वतन्त्रता के बाद भारत ने मैकाले जो कि लॉर्ड मैकाले, जिसका पूरा नाम '**थॉमस बैबिंगटन मैकाले**' था, प्रसिद्ध अंग्रेज़ी कवि, निबन्धकार, इतिहासकार तथा राजनीतिज्ञ एवं ब्रिटिश शिक्षाविद था, इसके द्वारा बनाई गयी शिक्षा नीति के अनुसार चलने का फैसला किया। प्रथम विश्वयुद्ध के बाद यह विचार प्रबल था कि देशों को सरकारी क्षेत्र में ही सभी प्रकार की आत्मनिर्भरता की आवश्यकता है। तब के समय भारत में भी सरकारी क्षेत्र में सैनिक साजो-सामान के साथ सभी प्रकार की इंडस्ट्रीज़ का जाल बिछा। यह तारतम्यता लगातार वर्ष 1990 तक जारी रही। सरकारी क्षेत्र में ही साइकिल से हवाई जहाज़ तक के सभी वाहन बने, इलेक्ट्रॉनिक क्षेत्र की छोटी इंडस्ट्रीज़ से हैवी इंजीनियरिंग तक सब कुछ सरकारी क्षेत्र में बनने लगा। इसी तरह प्रशासन से प्रबन्धन तक की समस्त व्यवस्था भी मैकाले द्वारा प्रस्तुत पाठ्यक्रमों से ही पढ़कर निकले अधिकारियों द्वारा सँभाली गयी। इस बीच भारत ने 1962, 1965, 1971 के युद्ध भी अपनी इसी आत्मनिर्भरता के आधार पर जीते और विश्वस्तरीय प्रतिस्पर्धा में ख़ुद को साबित किया।

वर्तमान में विशेष तौर पर वर्ष 1990 विश्व व्यापार संगठन के अन्तर्गत वैश्वीकरण का नया उदारीकरण का समय आया। इस समय की प्रमुखता देशों को खुले बाज़ार के रूप में एक-दूसरे से जोड़ते हुए विस्तृत रूप से सांस्कृतिक और साहित्यिक तथा शैक्षिक अदान-प्रदान की बनी। इसके साथ ही विकसित देशों के बने बनाये और सर्वमान्य पाठ्यक्रमों की एक तेज़ शुरुआत भारत ने एम्स सहित मेडिकल संस्थाओं तथा इंजीनियरिंग क्षेत्र में अपनाई। इसके तहत व्यापार तथा इंजीनियरिंग सहित मेडिकल संस्थानों में वर्तमान प्रतिस्पर्धा के लिए मज़बूत मानव संसाधन विकसित करने का नया दौर चल पड़ा जो प्रत्येक दिशा में दिख भी रहा है।

अभी शिक्षा के क्षेत्र में एक नये विदेशी व्यक्ति का नया नाम शिक्षा के इतिहास में दर्ज हो रहा है, वह हैं **जॉन मैक्कार्थी। जॉन मैक्कार्थी को आर्टिफ़िशियल इंटेलिजेंस का जनक माना जाता है। जॉन मैक्कार्थी एक अमेरिकी कम्प्यूटर वैज्ञानिक थे। "कृत्रिम बुद्धिमत्ता" शब्द उनके द्वारा गढ़ा गया था। अवगत हो कि जॉन मैक्कार्थी (जन्म 4 सितम्बर, 1927, बोस्टन, मैसाचुसेट्स, यू.एस.-मृत्यु 24 अक्टूबर, 2011, स्टैनफोर्ड, कैलिफ़ोर्निया) एक अमेरिकी गणितज्ञ और कम्प्यूटर वैज्ञानिक थे** जो कृत्रिम बुद्धिमत्ता (ए.आई.) के क्षेत्र में अग्रणी थे; क्षेत्र में उनके मुख्य शोध में सामान्य ज्ञान को वैश्विक रूप से औपचारिक बनाना शामिल था, ताकि खोजी व्यक्ति को कम्प्यूटर की मदद से अपने ज्ञान को संशोधित, संसाधित तथा विस्तारित करने में मदद मिले।

आज इस आर्टिफ़िशियल इंटेलिजेंस यानि **"कृत्रिम बुद्धिमत्ता"** को अपनाकर शिक्षा के क्षेत्र में विशिष्टता बनाने के प्रयास हर ओर हो रहे हैं। यह प्रयास उस श्रेणी से लाखों गुना ज़्यादा होगा जो 1975 के दौर में आये हथेली साइज़ के छोटे केलकुलेटर से विश्व को मिला था जो सामान्य जोड़-बाक़ी और हिसाब को करने का सरल मशीनी उपकरण था। आज ए.आई. ने शिक्षा को कैसे वैयक्तिकृत किया है। ए.आई.-संचालित वैयक्तिकृत शिक्षण प्रणालियाँ व्यक्तिगत शिक्षार्थी प्रोफाइल के आधार पर शैक्षणिक प्रदर्शन, व्यवहार पैटर्न और सीखने की प्राथमिकताओं जैसे डेटा का विश्लेषण करते हुए अनुरूप शैक्षिक अनुभव प्रदान करती हैं।

ए.आई. गुणवत्ता से समझौता किये बिना अधिक छात्रों को समायोजित करने के लिए शैक्षिक कार्यक्रमों के विस्तार को सक्षम बनाता है। ए.आई.-आधारित प्लेटफ़ॉर्म बड़ी मात्रा में डेटा को सँभाल सकते हैं और बढ़ती संख्या में शिक्षार्थियों को व्यक्तिगत शिक्षण अनुभव प्रदान कर सकते हैं, जिससे शिक्षा में पहुँच और स्थिरता सुनिश्चित हो सके। कृत्रिम

बुद्धिमत्ता (ए.आई.) प्रशासनिक कार्यों को स्वचालित करके, शिक्षकों को शिक्षण पर अधिक ध्यान केन्द्रित करने और छात्रों के साथ व्यक्तिगत बातचीत करने के लिए मुक्त करके, मानव-नेतृत्व वाले शिक्षण को प्रतिस्थापित करने के बजाय बढ़ाकर शिक्षा का समर्थन कर सकती है।

प्रोफ़ेशनल स्टडीज़ को एड-ऑन करने की होड़ के अन्तर्गत आज आर्टिफ़िशियल इंटेलिजेंस को वर्तमान शिक्षा में प्रयोग में लाया जा रहा है इसके विवरण को आगे सात बिन्दुओं के माध्यम से हम समझने का प्रयास करते हैं।

1. **आन्तरिक निगरानी तथा मूल्यांकन :** शिक्षा प्रदाता संस्थाओं के अन्तर्गत वर्तमान समय में ऑफ़िस आटोमेशन के अन्तर्गत आन्तरिक निगरानी और पुष्टीकरण के लिए ए.आई. का महत्त्व प्रशासनिक कार्यों को स्वचालित करते हुए कई प्रकार के स्केलेबल अध्ययन करने की ज़मीन तैयार कर रहा है। इस प्रकार से ए.आई. आधारित डाटा पर आधारित मूल्यांकन से रिसर्च और समाधान प्रदान करके शिक्षा को अधिक प्रभावी बना रहा है। उदाहरण के

लिए, कृत्रिम बुद्धिमत्ता नियमित कार्यों को सँभाल सकती है जैसे असाइनमेन्ट की ग्रेडिंग, शेड्यूलिंग और छात्र रिकॉर्ड का प्रबन्धन, शिक्षकों के लिए शिक्षण पर ध्यान केन्द्रित करने के लिए समय के अलग अलग आवंटन आदि। ए.आई. से लाभ के मामले में एक अनुमान के मुताबिक यह ज्ञात हो रहा है कि नयी ए.आई.-संचालित प्रौद्योगिकियाँ काम को तेज़ी से निपटाने की क्षमता रखती हैं। इस प्रकार से एक प्रोफ़ेशनल प्रति सप्ताह औसतन चार घण्टे बचाने में ए.आई. सहयोग देगी। इस प्रकार से 52 सप्ताह में लगभग प्रति प्रोफ़ेशनल लगभग 200 घण्टे बचाये जा सकते हैं।

2. **नयी कसटोमाइज़ शिक्षण पद्धति :** विद्यार्थी की कमज़ोरी तथा उसकी ताकत का आकलन करके ए.आई. कसटोमाइज़ स्टडी मेटीरियल बना सकता है इसमें क्विज़, फ़्लैश कार्ड या दूसरे उपाय भी शामिल हैं। विद्यार्थी को व्यक्तिगत निगरानी में रखने की बात हो या ख़ुद विद्यार्थी द्वारा स्व-मूल्यांकन करने की बात हो, दोनों तरीक़ों में ए.आई. का उपयोग दिख रहा है।

   शिक्षा में ए.आई. सीखने को निजीकृत करने, यानी बिना किसी क्लास को ज्वाइन किये ऑनलाइन प्लेटफ़ॉर्म पर गोपनीय तरीक़े से शिक्षा लेना सरल सुलभकर डेटा है। वहीं प्रशासनिक कार्यों में गुणवत्ता बढ़ाने और उसे सुव्यवस्थित करने आदि में भी ए.आई. व्यवस्था को बदल देने की परिवर्तनकारी क्षमता प्रदान करता है। ए.आई. की यह विशेष क्षमता समाज के विपरीत आचरण करने वालों को भी मज़बूत बना देता है, यह एक गम्भीर चुनौती भी महसूस की जा रही है।

3. **डेटा-संचालित अंतर्दृष्टि [Data-driven insights] :** ए.आई. के माध्यम से शिक्षकों को छात्रों के प्रदर्शन और सीखने के पैटर्न में मूल्यवान डेटा-ड्राइवेन अंतर्दृष्टि प्रदान करता है। यह जानकारी सूचना देने से सम्बन्धित निर्णय लेने, शिक्षण सम्बन्धी पाठ्यक्रम

आदि के निर्धारण व रणनीतियों को संशोधित व परिष्कृत करने और उन क्षेत्रों की पहचान करने में मदद करती है जिन पर अतिरिक्त ध्यान देने की आवश्यकता हो सकती है।

बेहतर और तेज़ गति के निर्णय के अंतर्गत संगठन अपने डेटा में अंतर्दृष्टि प्राप्त करने के लिए, आज की व्यावसायिक भाषा में, डेटा-संचालित निर्णय लेने के लिए ए.आई. का तेज़ी से उपयोग कर रहे हैं। बेहतर निर्णय के लिए ए.आई. बड़ी मात्रा में डेटा का त्वरित और सटीक विश्लेषण करके, पैटर्न और अंतर्दृष्टि की पहचान करके निर्णय लेने की क्षमता को बढ़ाता है। ये प्लेटफ़ॉर्म व्यवसायों को रुझानों की पहचान करके, भविष्य के परिणामों की भविष्यवाणी करके और उन्नत डेटा के माध्यम से संचालन को अनुकूलित करके डेटा-सूचित निर्णय लेने में मदद करते हैं। ए.आई. में सीखने में मुख्य रूप से मशीन लर्निंग शामिल है, ए.आई. का एक उपसमूह जो एल्गोरिदम विकसित करने पर केन्द्रित है जो कम्प्यूटर को सीखने और निर्णय लेने में सक्षम बनाता है।

4. **वैयक्तिकृत शिक्षण :** व्यक्तिगत रूप से प्राप्त की जा रही शिक्षा अधिकतर प्रोफ़ेशनल अपनी स्किल को उच्च स्तरीय करने के लिए लेते हैं और वे व्यक्ति भी इसमें जाते हैं जिनको पारम्परिक रूप से स्कूली शिक्षा से किसी कारण वंचित रहना पड़ा है। वैयक्तिकृत शिक्षण उक्त आधार पर आधारित एक शिक्षण मॉडल है। प्रत्येक छात्र को इस आधार पर एक "सीखने की योजना" मिलती है कि वे कैसे सीखते हैं, वे क्या जानते हैं और उनके कौशल और रुचियाँ क्या हैं। यह अधिकांश स्कूलों में उपयोग किये जाने वाले शिक्षा के प्रबन्धन "एक पाठ्यक्रम एक कक्षा" दृष्टिकोण के विपरीत है।

वैयक्तिकृत शिक्षण वह है जहाँ छात्र काम करने के लिए अपने स्वयं के सीखने के लक्ष्य निर्धारित करते हैं। छात्रों को अपनी व्यक्तिगत सीखने की यात्रा और शैक्षिक अनुभवों को निर्देशित करने की स्वायत्तता दी जाती है। शिक्षार्थी अपनी सीखने की आवश्यकताओं के अनुरूप संसाधनों और विधियों का उपयोग करके अपनी गति से पाठ्यक्रम के माध्यम से आगे बढ़ते हैं। वैयक्तिकृत शिक्षण योजनाएँ इस तरह से विकसित की जाती हैं जो छात्रों को अपने शैक्षणिक और कैरियर हितों को आगे बढ़ाने के लिए आवश्यक कौशल के प्रकार और उन कौशलों के निर्माण के लिए आवश्यक क़दमों की पहचान करती हैं, जिन्हें पारम्परिक शैक्षिक मार्गों या अन्य नवीन वितरण तन्त्रों के माध्यम से प्राप्त नहीं किया जा सकता है।

5. **व्यावसायिक विकास :** व्यावसायिक विकास शिक्षकों के लिए उनकी शिक्षण गुणवत्ता और प्रभावशीलता में सुधार करने के लिए उपकरणों, संसाधनों और प्रशिक्षण सत्रों का एक सेट है। ये संसाधन प्रशिक्षकों को अपने विषय क्षेत्र में अपने ज्ञान को आगे बढ़ाने की अनुमति देते हैं और सलाह और नयी शिक्षण तकनीकों को सीखने का अवसर प्रदान करते हैं। दूसरी तरफ प्रोफ़ेशनल डेवलपमेन्ट के अन्तर्गत व्यावसायिक विकास, जिसे व्यावसायिक शिक्षा के रूप में भी जाना जाता है, वह सीख है जो एक विशिष्ट पेशेवर कैरियर क्षेत्र में शिक्षा की ओर ले जाती है या उस पर ज़ोर देती है या पारम्परिक उदारवादी में पाये जाने वाले हस्तान्तरणीय कौशल और सैद्धान्तिक शैक्षणिक ज्ञान के अलावा अभ्यास पर ज़ोर देते हुए व्यावहारिक नौकरी में लागू कौशल का निर्माण करती है।

   कर्मचारियों के लिए व्यावसायिक विकास लक्ष्य तकनीकी कौशल, सॉफ़्ट स्किल, नेतृत्व क्षमता, उद्योग ज्ञान और व्यक्तिगत विकास सहित कई क्षेत्रों को शामिल कर सकते हैं। वे आमतौर पर किसी व्यक्ति की करियर आकांक्षाओं, नौकरी की ज़िम्मेदारियों और उनके संगठन की ज़रूरतों के साथ जुड़े पाठ्यक्रम होते हैं। उदाहरण के लिए ऐसे कई तरीक़े हैं जिनसे कर्मचारी अपने व्यावसायिक विकास पर काम कर सकते हैं, जैसे कक्षाएँ लेना, कार्यशालाओं में जाना या ख़ुद को नये कौशल सिखाना। व्यावसायिक विकास का तात्पर्य आपके क्षेत्र में नये रुझानों से अपडेट रहना और अपने वर्तमान तरीक़ों में नयी प्रथाओं को लागू करना भी हो सकता है और ए.आई. के माध्यम से उक्त आसानी से प्राप्त हो सकता है।

6. **पूर्वानुमानित विश्लेषण :** पूर्वानुमानित विश्लेषण वस्तुतः भविष्य कहने वाला विश्लेषण है। यह भविष्य के परिणामों का पूर्वानुमान

लगाने के लिए डेटा का उपयोग करने की प्रक्रिया है। यह प्रक्रिया भविष्य के व्यवहार की भविष्यवाणी करने वाले पैटर्न खोजने के लिए डेटा विश्लेषण, मशीन लर्निंग, कृत्रिम बुद्धिमत्ता और सांख्यिकीय मॉडल का उपयोग करती है। पूर्वानुमानित विश्लेषण का उदाहरण है, जैसे-स्थानीय मौसम पूर्वानुमान, शेयर मार्केट के उतार-चढ़ाव का पूर्वानुमान आदि। इसका उपयोग करके आज मशीन लर्निंग ऑटोमोटिव उद्योग, वित्तीय सेवाओं, विनिर्माण, स्वास्थ्य देखभाल, विपणन और ख़ुदरा और तेल, गैस और उपयोगिता उद्योगों जैसे उद्योगों के परिदृश्य को कैसे बदल रहे हैं।

7. **कृत्रिम बुद्धिमत्ता का अतिरिक्त अध्ययन** : ए.आई. टूल एक सॉफ़्टवेयर एप्लिकेशन है जो विशिष्ट कार्यों को करने और समस्याओं को हल करने के लिए कृत्रिम बुद्धिमत्ता एल्गोरिदम का उपयोग करता है। ए.आई. टूल का उपयोग विभिन्न उद्योगों में किया जा सकता है, स्वास्थ्य सेवा और वित्त से लेकर विपणन और शिक्षा तक, कार्यों को स्वचालित करने, डेटा का विश्लेषण करने और निर्णय लेने में सुधार करने के लिए।

ए.आई. के बेहतरीन उपयोगकर्ता बनने के लिए अब ए.आई. के भी शिक्षण कार्य हो रहे हैं। इसके कई लाभ हैं, एक तो आप ए.आई. को उपयोग करने का तरीक़ा सीखते हैं और दूसरा ए.आई. का उपयोग कहाँ करना ज़रूरी है, इस बात को भी समझते हैं। उदाहरण के लिए, ए.आई. नये उपकरणों और प्रणालियों को शक्ति देकर अनुसंधान प्रक्रिया को अनुकूलित कर सकता है जो विज्ञान करने की दक्षता में सुधार करता है, जिसमें सूचना तक पहुँच में सुधार, ज्ञान के बोझ को कम करना, मानव अंतर्ज्ञान का मार्गदर्शन करना, नियमित अनुसंधान कार्यों को स्वचालित करना और बहुत कुछ शामिल है।

4

रोज़गार के नये अवसर—एडोब फ़ोटो शॉप, ई बुक मेकिंग

ए.आई. टूल्स के माध्यम से रोज़गार के नये अवसर

ए.आई. टूल्स के माध्यम से रोज़गार के नये अवसर खुल गये हैं। आर्टिफ़िशियल इंटेलिजेंस आपकी उत्पादकता को सीधे ही उत्कृष्ट, उन्नतशील नवीनता लिए एक बहूपयोगी उत्पाद में बदल देने की क्षमता रखने वाली तकनीक है। इसीलिए, आजकल ए.आई. से सम्बन्धित अलग अलग प्रकार के सेमिनार, वर्कशॉप द्वारा विभिन्न क्षेत्रों में काम कर रहे या काम तलाश रहे पेशेवरों को ए.आई. टूल्स के उपयोग को सिखाने

की होड़-सी लगी है। अधिकतर ये वर्कशॉप ऑनलाइन आयोजित होती है और बहुत थोड़ी फ़ीस के माध्यम से कोई भी इस प्रकार की वर्कशॉप में शामिल होकर इनके द्वारा प्रस्तावित पूरे पाठ्यक्रम की जानकारी ले सकता है। इन सब दावों की माने तो सभी का ज़ोर पारम्परिक तौर तरीक़ों को ए.आई. के द्वारा उन्नत करने का है, ताकि वर्तमान में इंडस्ट्रीज की ज़रूरतों को नयी क्षमता के साथ पूरा किया जा सके। इस प्रकार से ए.आई. रोज़गार और व्यापार की असीम सम्भावनाओं को जन्म दे रहा है। कम्पनीज़ द्वारा भी ए.आई. स्किल को डिमांड किया जा रहा है। आवश्यक योग्यताओं में ए.आई. का ज्ञान और कार्य अभ्यास रखने वाले को हर प्रकार की वरीयता तथा अच्छे पैकेज़ के ऑफ़र मिल रहे हैं। आज इस अध्याय में हम आपको पैसे कमाने वाले इन्हीं ए.आई. टूल्स के विषय में खुलकर बताएँगे।

व्यावसायिक क्षेत्रों में नयी रणनीति और त्वरित परिणामपूरक कार्यों को करने की आवश्यकता के अनुरूप बेहतर और तेज़ परिणाम के लिए भी आर्टिफ़िशियल इंटेलिजेंस से सम्बन्धित बहुत प्रकार के टूल्स विकसित किये हैं। इन ए.आई. टूल्स की मदद से जहाँ एक ओर हार्ड कोर इंडस्ट्रीज़ में कार्य संस्कृति बदल रही है, वहीं विज्ञापन और प्रस्तुति तथा रिसर्च से जुड़ी इंडस्ट्रीज़ में भी कार्य संस्कृति का नया युग प्रारम्भ हो चुका है। आर्टिफ़िशियल इंटेलिजेंस के अनेकों उत्पाद आजकल के बाज़ार में छाए हुए हैं वे सभी हमारे प्रोफ़ेशनल्स को उनके विश्वास पात्र सहायक के रूप साबित होने का दावा करते हैं। इन दावों के अनुसार प्रोफ़ेशनल्स के कामों में गुणवत्ता की बढ़ोतरी के साथ उनकी समय की लागत कम होगी तथा कमाई कई गुना ज़्यादा होगी। प्रोफ़ेशनल्स को आकर्षित कर रहे इन कार्य सहायक ए.आई. टूल्स के विषय में आप भी जानकारी रखें–

विज्ञापन से जुड़े व्यवसाय में जहाँ एक ओर कंटेन्ट लेखक को अपने उद्देश्य से जुड़े तथ्यों को समझने की ज़रूरत को ए.आई. हल कर रहा है वहीं ए.आई. पावर्ड ग्राफ़िक्स एनीमेशन, वीडियो मेकर, इमेज एडिटर, रिसर्च टूल्स आदि से प्रोफ़ेशनल को अपना काम गति और नवीनता से प्रस्तुत करने में सहायता मिलती है। उक्त सभी काम पहले टीम वर्क से सम्पन्न हो पाता था अब ए.आई. की एक मदद से सभी कार्य को अकेले ही कोई प्रोफ़ेशनल बखूबी अंजाम दे सकता है।

रोज़गार के अवसरों को उत्पन्न करते पाँच ए.आई. टूल्स हैं-

1. **एडोब फ़ोटो शॉप/Adobe Photoshop (ए.आई. पावर्ड ग्राफ़िक्स टूल्स)**
2. **ई बुक मेकर/ebookmaker (ए.आई. पावर्ड ई बुक सिर्फ़ 5 मिनट में)**
3. **क्विलबॉट/QuillBot (ए.आई. पावर्ड पैराफ्रेज़िंग टूल)**
4. **मिनर्वा ए.आई. टूल/Minerva (एकेडिमिक रिसर्च टूल)**
5. **रिसर्च हेतु मौलिकता ए.आई. Origality.ai (ए.आई. चेकर)**

1. एडोब फ़ोटो शॉप/Adobe Photoshop (ए.आई. पावर्ड ग्राफ़िक्स टूल्स)

एडोब फ़ोटो शॉप दसियों वर्ष से ग्राफ़िक्स फ्रेंडली सॉफ़्टवेयर है जो इमेज की एडिटिंग से लेकर नयी इमेज क्रिएशन की तमाम सम्भावनाओं के साथ कला को व्यावसायिक रूप से प्रयोग में ला रहे आर्टिस्ट वर्ग के लिए वरदान साबित हो रहा है। अभी इसका ए.आई. अवतार भी आ गया है। इसके द्वारा कोई भी अपने जीवन का सबसे अनोखा विचार लेकर जेनरेटिव ए.आई. की ताकत से कुछ पैदा करने की अपनी कल्पना को विस्तार दे सकता है। ग्राफ़िक्स प्लग एंड प्ले के नये अनुभवों से आप चमत्कृत हो सकते हैं।

यह एडोब सॉफ़्टवेयर कम्पनी का बिल्कुल नया ए.आई. पर आधारित फ़ोटो शॉप का वह टूल है जिसके द्वारा आप अपने विचारों को पंख लगा सकते हैं। यहाँ ए.आई. टूल्स की मदद से आप मनचाहे रूप से अपने विचारों को बना सकते हैं, उनको मनचाहा आकार दे सकते हैं वह भी न्यूनतम समय–सीमा में। ग्राफ़िक्स डिज़ाइनर फ़ोटो शॉप की मदद से व्यावसायिक काम करते हैं ये काम प्रिंट मीडिया के सभी मानकों के लिए जॉब वर्क देते हैं।

इसके प्रमुख आकर्षण

1. **रचनात्मकता को बढ़ाने वाले टेम्पलेट, डिज़ाइन की हज़ारों किस्में ए.आई. की मदद से मिलती हैं जिसका चयन करने के उपरान्त उपयोगकर्ता इसके टेक्स्ट और इलमेंट या शेप या**

कलर आदि में मनचाहा परिवर्तन करके अपना व्यक्तिगत स्पर्श दे सकते हैं।

2. **बैनर, बुक कवर, मैगज़ीन कवर, पोस्टर आदि बनाने के लिए भी तमाम किस्में सैमपेल से उपयोगकर्ता को उसके क्रिएशन में मदद मिलती है। यह ए.आई. पावर्ड एडोब फ़ोटो शॉप व्यावसायिक उपयोग का करिश्माई टूल्स हो सकता है।**

लिंक -https://www.adobe.com/in/products/photoshop.html

2. ई बुक मेकर/ebookmaker (ए.आई. पावर्ड ई बुक सिर्फ़ 5 मिनट में)

ई बुक पढ़ने का आज मोबाइल और टेबलेट पर प्रचलन हो गया है जहाँ पारम्परिक दस-बीस पुस्तकों को साथ रखकर सफ़र करते पढ़ना एक कठिन काम है, वहीं आपके टेबलेट या लैपटॉप पर सैकड़ों ई बुक्स का संग्रह बिना किसी अतिरिक्त बोझ को उठाए हुए आसानी से पढ़ा या उपयोग किया जा सकता है। ई बुक मेकर एक क्रान्तिकारी ए.आई. उत्पाद है, जिसकी मदद से मात्र कुछ मिनट में ही आप ई बुक बना सकते हैं। ई बुक मेकर ए.आई. पावर्ड प्लेटफ़ॉर्म देता है जहाँ ई बुक के निर्माण की सुविधा के लिए कृत्रिम बुद्धिमत्ता का उपयोग होता है। एक व्यक्तिगत लेखन सहायक के रूप में यह कार्य करता है और केवल एक क्लिक से अपनी सम्पूर्ण ई पुस्तक आप तैयार कर सकते हैं। उन्नतशील आर्टिफ़िशियल इंटेलिजेंस के साथ समय की बचत होती है और गुणवत्ता की बढ़ोतरी इसका करिश्मा है। यदि आप भी अपनी पुस्तक की पाण्डुलिपि को ई बुक में बदलना चाहते हैं तो यह आपका रास्ता सहज सरल करता है। इसका व्यावसायिक उपयोग भी लाभकारी है।

जैसा कि मैंने स्पष्ट किया कि यह ई बुकमेकर एक जादुई प्लेटफ़ॉर्म है इसका मुख्य कारण इसका ई बुक के निर्माण की सुविधा के लिए

कृत्रिम बुद्धिमत्ता का उपयोग करना ही है। एक लेखक के लिए यह उसकी पुस्तकों को डिजिटल करने का प्रभावशाली उपकरण भी है।

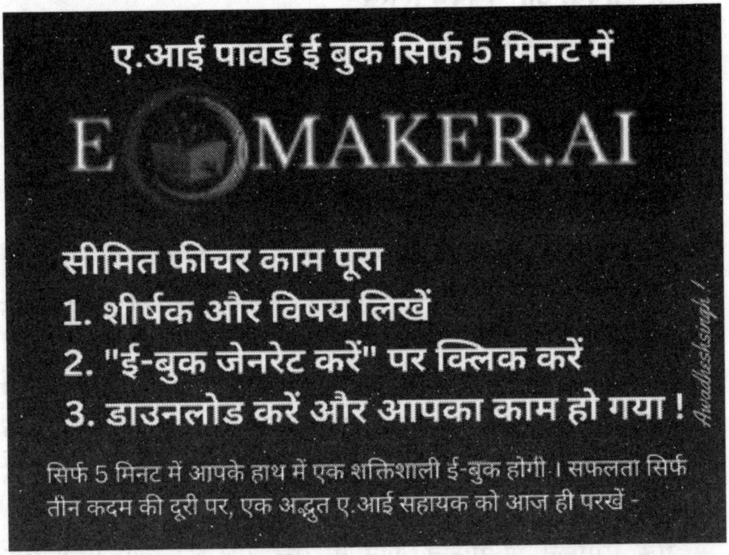

लेखन सहायक के रूप में कार्य करते हुए, यह डिजिटल सामग्री की अवधारणा और निर्माण को एक सहज अनुभव में बदल देता है। शौकिया लेखकों से लेकर स्थापित पेशेवरों तक, ई बुकमेकर, ई बुक बनाने, सम्पादित करने और अनुकूलित करने, डिजिटल प्रकाशन तक पहुँच को सुलभ बनाने और शुरुआती विचार से अन्तिम पृष्ठ तक कहानियों को जीवन्त बनाने के लिए आवश्यक सभी काम इस उपकरण से हो जाते हैं। व्यावसायिक उपयोग द्वारा आप इससे लाभ कमाएँ, लोगों को प्रशिक्षित करें और प्रेरित करें। यह सिर्फ़ 5 मिनट में आपके हाथ में एक शक्तिशाली ई बुक होगी। सफलता सिर्फ़ तीन क़दम की दूरी पर, एक अद्‌भुत ए.आई. सहायक को आज ही परखें–

सीमित फ़ीचर काम पूरा

1. **शीर्षक और विषय लिखें**
2. **"ई बुक जेनरेट करें" पर क्लिक करें**
3. **डाउनलोड करें और आपका काम हो गया!**

लिंक- https://www.ebookmaker.ai/en-US

3. क्विलबॉट/QuillBot (ए.आई. पावर्ड पैराफ्रेज़िंग टूल)

क्विलबॉट ए.आई. पावर्ड पैराफ्रेज़िंग टूल है यह आलेखों की व्याख्या करने या उसे संक्षिप्त करने या उसे अपने शब्दों में व्यक्त करते समय इसके उपयोगकर्ताओं को व्याकरण, भाषा आदि की अशुद्धियों से बचाता है। इसलिए इस प्रकार का काम करने वाले प्रोफ़ेशनल लोगों और छात्रों को उनकी व्याख्या की स्पष्टता में सुधार करने के लिए उनके पाठ के मूल भाव को फिर से लिखने, सम्पादित करने और बदलने में मदद करता है।

एक पैराफ्रेज़ या रीफ्रेज़, पाठ के मूल अर्थ को खोए बिना एक ही पाठ को अलग-अलग शब्दों में प्रस्तुत करने का शैक्षिक विधि है। अक्सर, एक संक्षिप्त रूप अपने अर्थ को मूल लेख के शब्दों की तुलना में बेहतर ढंग से व्यक्त कर सकता है। अवगत हो कि व्याख्या का अर्थ है किसी अन्य के विचारों को समान आवश्यक अर्थ रखते हुए अपने तरीक़े से व्यक्त करना। वहीं संक्षेपण का अर्थ है किसी अन्य व्यक्ति के पाठ का एक लम्बा अंश लेना और उसके मुख्य विचारों को अपने शब्दों में सारांशित करना।

लेखन में व्याख्या किसी अन्य लेखक के विचारों को दोहराने, संक्षिप्त करने या स्पष्ट करने का एक प्रभावी तरीक़ा है, साथ ही यह आपके अपने तर्क या विश्लेषण को विश्वसनीयता भी प्रदान करता है। जबकि, मज़बूत अकादमिक लेखन के लिए सफल व्याख्या आवश्यक है, असफल व्याख्या के परिणामस्वरूप अनजाने में अर्थ का अनर्थ होने

की सम्भावना बनी रहती है। व्याख्या करना एक महत्त्वपूर्ण कार्य है इससे पता चलता है कि आप स्रोत को इतनी अच्छी तरह समझते हैं कि इसे अपने शब्दों में लिख सकें।

क्विलबॉट पैराफ़्रेज़िंग टूल

QuillBot

लेखन कौशल को बेहतर बनाने के लिए एक सहायक उपकरण, ऑनलाइन व्याकरण चेकर टूल, व्याकरण, वर्तनी और विराम चिह्न की शुद्धता की समीक्षा , टेक्स्ट को फिर से लिखने, संपादित करने और बदलने में मददगार, ए.आई डिटेक्टर से तथ्य की जांच -परख ....

Awadheshsingh!

1. क़्विलबॉट पैराफ्रेज़िंग टूल के विशेष फ़ीचर–हालाँकि, क़्विलबॉट आपकी अपनी रचनात्मकता और आलोचनात्मक सोच का विकल्प नहीं है। लेकिन–
2. लेखन कौशल को बेहतर बनाने के लिए एक सहायक उपकरण
3. टेक्स्ट को फिर से लिखने, सम्पादित करने और बदलने में मददगार
4. व्याकरण, वर्तनी और विराम चिह्न की शुद्धता की समीक्षा
5. ऑनलाइन व्याकरण चेकर टूल
6. क़्विलबॉट अपनी सामग्री को ए.आई. डिटेक्टर से उसकी सटीकता स्पष्ट करता है

7. क़्विलबॉट द्वारा बनी सामग्री मानव निर्मित होने की सभी ख़ूबियाँ रखती है।

Link - https://quillbot.com/

4. मिनर्वा ए.आई. टूल/Minerva (एकेडिमिक रिसर्च टूल)

मिनर्वा ए.आई. टूल (शोधपूरक, ऑनलाइन शैक्षिक क्लासेस आदि के लिए उपयोगी)

"मेरी अपनी सभी तकनीकी प्रक्रियाओं को अपडेट करने और इसके साथ ऑनबोर्डिंग ट्यूटोरियल बनाने की योजना है। प्रत्येक उदाहरण में इसका उपयोग किया गया है, प्रतिक्रिया सकारात्मक रही है, और केवल सकारात्मक ही नहीं–मन चकरा गया!"–उपयोगकर्ता

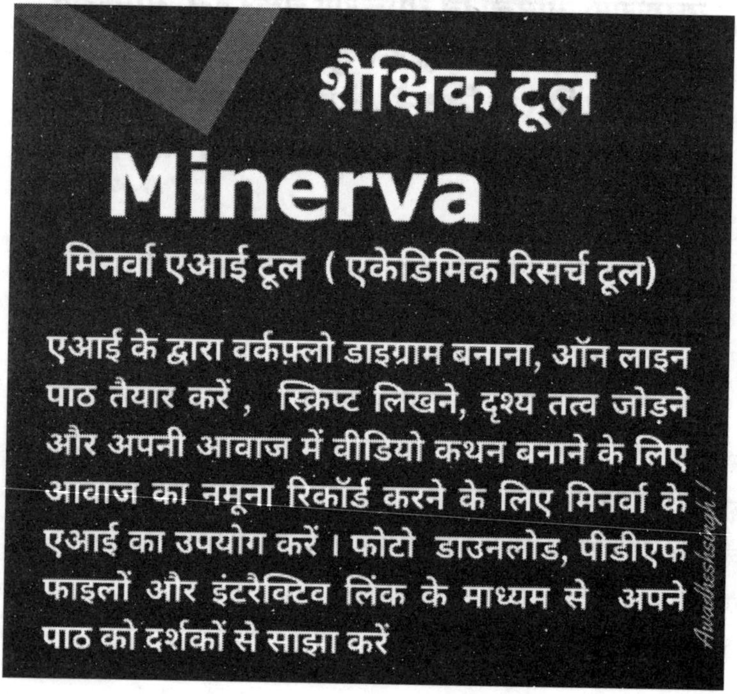

मिनर्वा ए.आई. टूल वस्तुतः शोधपूरक, ऑनलाइन शैक्षिक क्लासेस आदि के लिए उपयोगी है। मिनर्वा ए.आई. टूल आर्टिफ़िशियल इंटेलिजेंस की शक्ति का उपयोग करके आपके वीडियो के लिए एक स्क्रिप्ट लिखता है यह ऑनबोर्डिंग ट्यूटोरियल बनाने का आसान तेज़ तरीक़ा है। किसी भी स्क्रीन के लिए मार्गदर्शिकाएँ बनाता है, क्षैतिज, वर्गाकार और ऊर्ध्वाधर स्वरूपों के बीच सहजता से स्विच करें और अपनी सामग्री को आसानी से सम्पादित करते हुए किसी को भी साझा करें और अपने दर्शकों को सन्तुष्ट करें। इसमें आपकी अपनी आवाज़ और भाषा को यह ए.आई. पावर्ड वॉयस नैरेशन की शक्ति देता है। मिनर्वा आपकी पसन्द की किसी भी भाषा में आपके मार्गदर्शकों के लिए आपकी आवाज़ को पेशेवर-ग्रेड आवाज़ कथन में बदल देता है। अपनी आवाज़ से उपयोगकर्ताओं को उनकी भाषा से ही जोड़ें और एक अविस्मरणीय अनुभव बनाएँ। मिनर्वा सुविधाजनक साझाकरण विकल्प प्रदान करता है, जो आपको चित्र, पीडीएफ फाइलें और वीडियो डाउनलोड करने की अनुमति देता है। इण्टरैक्टिव गाइडों से सीधे लिंक करें, उन्हें इण्टरनेट फ्रेम के माध्यम से अपने ऐप या सहायता केन्द्र में जोड़ें या उन्हें सार्वजनिक पेज के माध्यम से साझा करें।

मिनर्वा आपके गाइड को सटीक आकार देने के लिए अनुकूलन विकल्पों का एक पूरा टूलबॉक्स प्रदान करता है। दृश्य सामग्री को व्यक्तिगत स्पर्श दें और उसे सुधारें, एक ऐसी मार्गदर्शिका बनाये जो सहजता से सबको आकर्षित और सूचित करे। किसी भी प्रारूप में मार्गदर्शिकाएँ साझा करें। अपने दर्शकों से सीधे बात करें, अपने आप को कैमरे पर रिकॉर्ड करें और आसानी से वीडियो को अपने गाइड में एकीकृत करें। अपने दर्शकों को मंत्रमुग्ध करने के लिए आकर्षक और वैयक्तिकृत वीडियो निर्देश प्रदान करें। साथ ही, अपने गाइड की दृश्यता

को नियन्त्रित करें। आपकी निगरानी में आपके दर्शको की आप तक पहुँच बनती है। इस प्रकार आपके पास अपने सलाहकारों से निजी रूप में जुड़ने की शक्ति बनती है और आपकी बात सार्वजनिक होने से बचती है।

मिनर्वा की ख़ूबियाँ

1. **ए.आई. के द्वारा वर्कफ़्लो डाइग्राम बनाना, ऑन लाइन पाठ तैयार करें**
2. **मिनर्वा का ब्राउज़र एक्सटेंशन इंस्टॉल करें, मार्गदर्शक बनायें।**
3. **स्क्रिप्ट लिखने, दृश्य तत्त्व जोड़ने और अपनी आवाज़ में वीडियो कथन बनाने के लिए आवाज़ का नमूना रिकॉर्ड करने के लिए मिनर्वा के ए.आई. का उपयोग करें**
4. **छवि डाउनलोड, पीडीएफ फाइलों और इण्टरैक्टिव लिंक के माध्यम से अपने गाइड को दूसरों के साथ सहजता से साझा करें।**
5. **फीडबैक इकट्ठा करने और अपने गाइड को बेहतर बनाने के लिए टीम के सदस्यों, ग्राहकों और उपयोगकर्ताओं के साथ जुड़ें।**

लिंक - https://www.minervaknows.com/

5. रिसर्च हेतु मौलिकता ए.आई. /Origality.ai (ए.आई. चेकर)

Origality.ai एक प्रकार का सम्पूर्ण स्कैनिंग टूलकिट है जो वेबसाइट मालिकों, कंटेन्ट मार्केटर्स, कंटेन्ट लेखकों, कॉपी सम्पादकों तथा प्रकाशकों को आर्टिफ़िशियल इंटेलिजेंस की मदद से बने पाठ को सत्यता के साथ ए.आई. की दुनिया में ईमानदारी के साथ प्रकाशित करने में मदद करता है।

मौलिकता ए.आई. सबसे सटीक ए.आई. सामग्री का डिटेक्टर है। यह चैट जीपीटी, जीपीटी-4, जैसे लोकप्रिय बड़े भाषा मॉडलों द्वारा बनाये गये ए.आई. लिखित पाठ पर प्रभावी है। यह ए.आई. चेकर साहित्यिक चोरी चेकर और तथ्य चेकर आपको अपने कंटेन्ट को ईमानदारी के साथ प्रकाशित करने की सुविधा देता है। यह उपयोगकर्ता को एक तरफ़ कॉपी राइट (copy right) क़ानून से सुरक्षित रखता है तथा दूसरी तरफ़ बौद्धिक सम्पदा (intellectual property) संरक्षित करने में महत्त्वपूर्ण है।

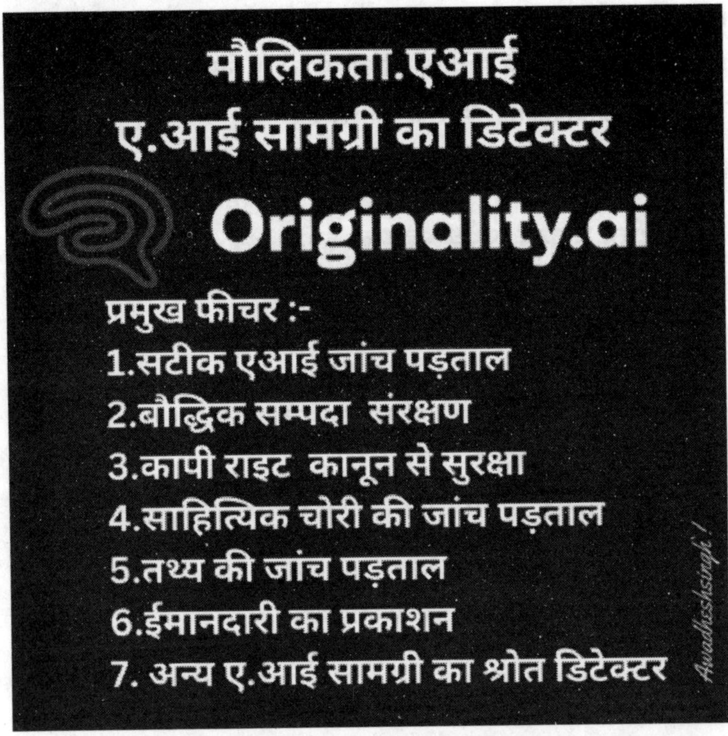

अवगत हो कि ए.आई. जनरेटेड टेक्स्ट, जिसे मशीन-जनरेटेड टेक्स्ट या स्वचालित टेक्स्ट के रूप में भी जाना जाता है। यह प्राकृतिक भाषा प्रसंस्करण तकनीकों का एक उत्पाद है जो मशीनों को मानव भाषा

पैटर्न की नकल करने और टेक्स्ट उत्पन्न करने में सक्षम बनाता है। ए.आई. जनरेटेड टेक्स्ट के लाभों में दोहराए जाने वाले लेखन कार्यों को स्वचालित करके और बड़ी मात्रा में सामग्री को तुरन्त तैयार करके समय और संसाधनों को बचाने की क्षमता शामिल है। यह ए.आई. जनरेटेड टेक्स्ट कई लाभ प्रदान कर सकता है, तब विशिष्ट उद्देश्यों के लिए इसका उपयोग करते समय इसकी सीमाओं और संभावित जोखिमों से सावधान रहना आवश्यक है। इस प्रकार से ए.आई. कंटेन्ट डिटेक्टर ए.आई. जनरेटेड टेक्स्ट का पता लगाने में उच्च आत्मविश्वास दर वाला एकमात्र मंच है जिसे संभावित रूप से चोरी किया गया है और/या चालाक (manipulate) व्याख्या की गई है।

प्रमुख आकर्षण

1. **सटीक ए.आई. जाँच पड़ताल**
2. **बौद्धिक सम्पदा (intellectual property) संरक्षण**
3. **कॉपी राइट (copy right) क़ानून से सुरक्षा**
4. **साहित्यिक चोरी की जाँच पड़ताल**
5. **तथ्य की जाँच-परख, जाँच पड़ताल**
6. **ईमानदार प्रकाशन**
7. **अन्य ए.आई. सामग्री का डिटेक्टर श्रोत**
   https://originality.ai/
   https://copyleaks.com/ai-content-detector
   https://writer.com/ai-content-detector/
   https://gptzero.me/
   https://www.duplichecker.com/ai-content-detector.php
   https://sapling.ai/ai-content-detector

5

यू-ट्यूबर को ए.आई. की मदद–स्मार्ट वीडियो मेकर–डूडल मेकर...

यू-ट्यूबर बनकर विभिन्न प्रकार के शैक्षिक या हेल्थ अथवा प्रोफ़ेशनल सलाहकार के रूप में या विभिन्न प्रकार से मनोरंजन कर्ता की प्रस्तुतियों से जुड़ा एक प्रकार का नया व्यवसाय तेज़ी से प्रचलन में आ रहा है। सोशल मीडिया में यू-ट्यूब की व्यूवरशिप यानी दर्शकों की संख्या तेज़ी से बढ़ी है, उतनी ही तेज़ी से चर्चित यू-ट्यूबर की कमाई भी बढ़ी है। यहाँ यू-ट्यूबर अधिकतर फ़ेसलेस यू-ट्यूब बनाने के लिए आजकल

invideo AI टूल्स का इस्तेमाल यू-ट्यूब विडियोज़ को बनाने में कर रहे हैं। विडियो के बनने के बाद आप इसमें मनचाहा परिवर्तन करते हुए, यानी कोई भी तस्वीर या अन्य मीडिया जोड़कर इसे पब्लिक के लिए अपलोड कर सकते हैं।

विडियो जनरेटिव ए.आई. एक अपेक्षाकृत नयी तकनीक है, इसलिए यह समझ में आता है कि ए.आई. वीडियो उपकरण वास्तव में कैसे काम करते हैं, इस पर कुछ भ्रम और जिज्ञासा है। ए.आई. वीडियो जनरेटर का उपयोग करते समय, आप अपनी ख़ुद की स्क्रिप्ट जोड़ सकते हैं और मानव अभिनेताओं का उपयोग करने के बजाय ए.आई. अवतारों को अपने कथावाचक के रूप में काम करने के लिए रख सकते हैं। जब आप अपना अन्तिम वीडियो उत्पाद बनाते हैं, तो आर्टिफ़िशियल इंटेलिजेंस आपके अवतार के होंठों की हरकतों को आपकी स्क्रिप्ट के शब्दों के साथ सिंक करता है।

डिजिटल दुनिया लगातार विकसित हो रही है और आर्टिफ़िशियल इंटेलिजेंस (AI) इस क्रान्ति में सबसे आगे है। निम्नलिखित ए.आई. टूल्स वीडियो मेकर्स के लिए उत्तम है। व्यावसायिक प्रतिस्पर्धा के साथ आप ज़्यादा मात्रा में गुणवत्ता वाले वीडियो बनाकर एक सफल यू-ट्यूबर साबित हो सकते हैं। सोशल मीडिया के लिए वीडियो सामग्री की आवश्यकता है, **तो सिंथेसिया** [Synthesia AI]**, इनविडियो** [invideo AI] **और पिक्टोरी** [Pictory AI] जैसे AI उपकरण आपको प्रति माह के सस्ते दरों पर उपलब्ध हैं जिनसे आपको बेहतरीन वीडियो बनाने में मदद मिल सकती है।

तीन सबसे लोकप्रिय प्रोग्राम जो यू-ट्यूबर अपने वीडियो को सम्पादित करने के लिए उपयोग करते हैं, वे हैं क्रमश: **iMovie, Final Cut Pro Software या Adobe Premiere Pro। उक्त की मदद से** एक पूर्ण नौसिखिया भी पारंगत वीडियो क्रियेटर बन सकता है।

आइए हम यू-ट्यूबर के मददगार बन रहे कुछ महत्त्वपूर्ण ए.आई. टूल्स पर अपनी समझ विकसित करते हैं। ये मुख्य रूप में निम्नलिखित हैं–

1. डूडल मेकर/doodlemaker (ए.आई. पावर्ड ग्राफ़िक्स एनीमेशन)
2. ह्यूमन पाल/HumanPal) (एनीमेटेड वीडियो मेकर)
3. रिवॉइसर/REVOICER (टेक्स्ट से स्पीच बनाएँ)

1. डूडल मेकर/doodlemaker (ए.आई. पावर्ड ग्राफ़िक्स एनीमेशन)

भविष्य की कृत्रिम बुद्धिमत्ता प्रौद्योगिकी से अब डूडल बनाना और हुआ आसान। स्वचालित रूप से किसी भी पाठ या सामग्री को किसी भी

भाषा में रंगीन डूडल वीडियो में बदल देता है, इसमें असीमित टेक्स्ट-टू-स्पीच, भाषा अनुवाद, पूरी तरह से भरी हुई एसेट लाइब्रेरी और सहज वीडियो निर्माण के लिए पुरस्कार विजेता तकनीकें शामिल हैं। एक दर्जन से अधिक जादुई तरकीबों से लैस डूडल मेकर में असीमित व्यवसायी क्षमताएँ हैं जिसका उपयोग करके नये कल्पनाशील संसार को रचा जा सकता है।

व्यावसायिक उपलब्धियों हेतु डूडल मेकर के प्रमुख फीचर:

1. **कलर डूडल वीडियो**
2. **ए.आई. फ़ोटो बैकग्राउंड रिमूवर**
3. **टेक्स्ट-टू-स्पीच 60 भाषाओं में**
4. **1-क्लिक भाषा अनुवाद**
5. **फ़ोटो-टू-स्केच कन्वर्टर**
6. **फुल एचडी 1080पी वीडियो**
7. **ड्रैग एंड ड्रॉप वीडियो एडिटर**
8. **रॉयल्टी-फ्री म्यूजिक लाइब्रेरी**
9. **लाखों डूडल एसेट**
10. **300 तैयार टेम्पलेट**
11. **असीमित वीडियो बनाएँ**
12. **ग्राहकों को वीडियो बेचें**

लिंक https://doodlemaker.com/

2. ह्यूमन पाल (HumanPal)–एनीमेटेड वीडियो मेकर

इस ए.आई. टूल ह्यूमन पाल का दावा है कि आप इसकी मदद से असीमित ए.आई. वीडियो बना सकते है। इसके लिए आपको व्यावसायिक मानव और उपकरण की सहायता की आवश्यकता न होगी। आपको अभिनेता आदि अभिनयकर्मी, स्टूडियो उपकरण या प्रोफ़ेशनल मानव उद्घोषक

को हायर करने की आवश्यकता नहीं पड़ेगी। आपका यह एनीमेटेड वीडियो काल्पनिक और हूबहू चरित्रों की तरह ही प्रस्तुति देगा। इसका बेहतरीन फ़ीचर यह है कि वास्तविक से लगने वाले इन ए.आई. इन्सानों के साथ एनिमेटेड वीडियो के चरित्र आपके द्वारा लिखा या टाइप किया गया, कुछ भी बोलते हैं। इसमें अधिकतम भाषाओं का समावेश होने से अन्य भाषाओं में भी आप अपनी प्रस्तुतियाँ दे सकेंगे।

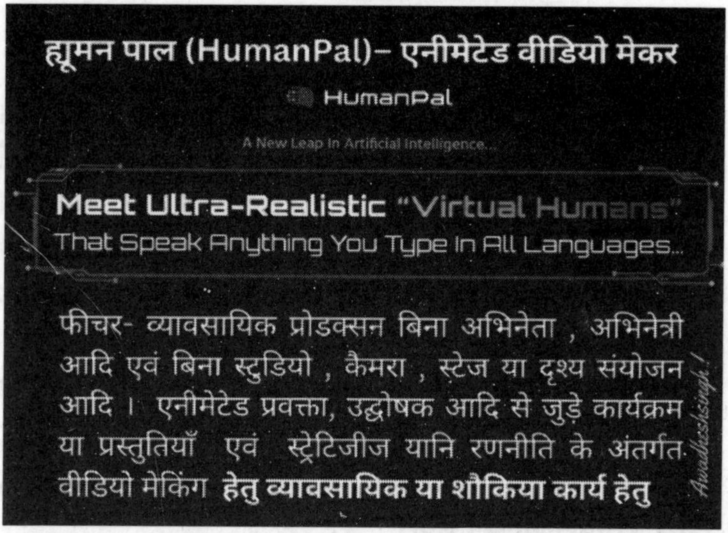

आप अपना ख़ुद का मीडिया चैनल या पुस्तकालय बनाकर इन्हें सहेज भी सकते हैं। नाटक, गीत–गायन, कविता–पाठ, धार्मिक या मोटीवेशनल या शैक्षिक पाठ आदि कोई भी मनचाहे विषय के साथ आप सोशल मीडिया में अपनी पहचान और लगातार कमाई का ज़रिया ख़ुद थोड़ी सी लागत और प्रशिक्षण से बना सकते हैं।

प्रमुख आकर्षण

1. **व्यावसायिक या व्यक्तिगत उपयोग हेतु मानवीय संवेदना और आवाज़ युक्त चरित्र निर्माण**

2. **एनीमेटेड प्रवक्ता, उद्घोषक आदि से जुड़े कार्यक्रम या प्रस्तुतियाँ**
3. **व्यावसायिक प्रोडक्सन बिना अभिनेता, अभिनेत्री आदि एवं बिना स्टूडियो, कैमरा, स्टेज या दृश्य संयोजन आदि।**
4. **स्ट्रेटिजीज़ यानी रणनीति के अंतर्गत वीडियो मेकिंग**

लिंक - https://humanpal.io/

3. रिवॉइसर/REVOICER (टेक्स्ट से स्पीच बनाएँ)

इलेक्शन कैम्पेन हो या ज़रूरी सूचना का जीवन्त प्रसारण जिनमें हम किसी मॉडल या जनप्रतिनिधि को लेते हुए वीडियो बनाना चाहते हैं वहाँ कहे गये संवादों को हूबहू नकल करते हुए। कहने वाले की बोलने की शैली और भाव-भंगिमा को लेते हुए वीडियो बनाना होता है तब हम टेक्स्ट-टू-स्पीच (टीटीएस) का उपयोग करते हैं। यह ए.आई. का एक महत्त्वपूर्ण टूल है।

रिवॉइसर-ए.आई. जनरेटेड वॉयसओवर टूल है। यह आपकी आवाज़ की नकल करते हुए उसमें आवश्यकतानुसार ऊर्जा और विशेष टोन देता है, ताकि टेक्स्ट को स्पीच में बदलने के बाद यह स्पीच प्रभावशाली बन सके।

अवगत हो कि हर आवाज़ में वह गुण नहीं होता है तथा उसमें एक बड़े वर्ग को प्रभावित करने की क्षमता नहीं होती है। तब आवाज़ द्वारा आवश्यक तथ्यों को मज़बूती के साथ प्रस्तुत करना और मानवीय भावनाओं को ख़ुद के पक्ष में खड़ा करना एक बेहद कठिन काम है।

आवाज़ के माध्यम से इन्फ़्लुयेंस बनाना, मास को कम्यूनीकेट करने का प्रभावशाली काम इस रिवॉइसर ने आसान कर दिया है। यह आपकी मूल आवाज़ में जान फूँक देने का काम हुआ और आपके टेक्स्ट को आपकी ही आवाज़ में पुनः प्रस्तुत करना हुआ। विभिन्न प्रकार के

मार्केटिंग पब्लिसिटी अभियानों में यह भविष्य के लिए उपयोगी टूल्स बनता दिखाई दे रहा है।

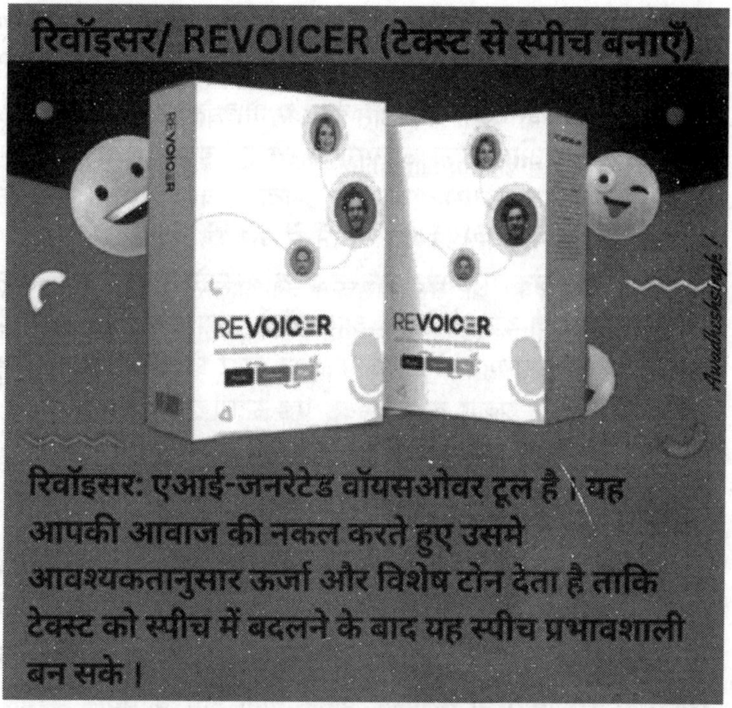

टेक्स्ट-टू-स्पीच (टीटीएस) एनएलपी यानी नेचुरल लेंगवेज प्रोसेसर का एक महत्त्वपूर्ण भाग है क्योंकि टीटीएस तकनीक कहे गये पाठ को प्राकृतिक ध्वनि वाले भाषण में बदलने की अनुमति देती है जिसका उपयोग वॉयस ओवर और वर्णन में किया जाता है।

प्राकृतिक भाषा प्रसंस्करण (एनएलपी) ए.आई. वीडियो जनरेटर मशीन लर्निंग मॉडल का उपयोग करते हैं, जिन्हें पाठ्य इनपुट को समझने और उन्हें दृश्य अवधारणाओं के साथ जोड़ने के लिए बड़ी मात्रा में डेटा पर समायोजित किया जाता है। प्राकृतिक भाषा प्रसंस्करण ए.आई. के भीतर

अध्ययन का एक महत्त्वपूर्ण क्षेत्र है जो मानव भाषा और कम्प्यूटर के बीच बातचीत पर ध्यान केन्द्रित करता है।

एनएलपी ए.आई. वीडियो जनरेटर को प्राकृतिक ध्वनि वाली स्क्रिप्ट और कथात्मक संरचनाएँ बनाने की अनुमति देता है जो इच्छित कहानी से मेल खाती हैं। इसी तकनीकी को लेकर ए.आई. टूल्स से हम **ए.आई. जनरेटेड वॉयसओवर का उपयोग करते हैं। इसमें रिवॉइसर-यह ए.आई. जनरेटेड वॉयसओवर है। इसका प्रयोग दुनिया भर के प्रोफ़ेशनल अपनी वीडियो को बनाने में कर रहे हैं।**

रिवॉइसर-यह ए.आई. जनरेटेड वॉयसओवर है। अभी तक विज्ञापन कम्पनीज़ द्वारा रोबोटिक आवाज़ों के द्वारा टेक्स्ट को स्पीच में बदलने की विधि से एनिमेटेड विज्ञापनों को तैयार किया जा रहा है। यह सभी विज्ञापन एक प्रकार के एनिमेटेड एड स्टोरीज़ को आगे करते हैं। इनमें मानवीय स्पर्श नहीं रहने से यह कई बार अपना प्रभाव नहीं छोड़ते हैं और फोकस्ड ग्रुप इसे अनदेखा कर देता है। इसका पूरा तोड़ रिवॉइसर: ए.आई. जनरेटेड वॉयसओवर ने दिया है। यह एक प्रकार का ए.आई. पावर्ड टेक्स्ट-टु-स्पीच टूल है। व्यावसायिक उपयोगिता को देखते हुए सस्ता भी है।

मार्केटिंग, प्रोडक्ट प्रमोशन, एजुकेशनल स्पीच-लेक्चर आदि व्यावसायिक प्रक्रियाओं के लिए अतिउपयोगी और कामयाब ए.आई. टूल्स की श्रेणी में यह

प्रमुख आकर्षण

1. ह्यूमन वर्सेस ए.आई. वॉइस
2. टेक्स्ट से स्पीच बनाने का कमाल
3. सभी वॉइसओवर में मानवीय टोन से युक्त करना
4. रोबोटिक वॉइस से पूर्ण छुटकारा
5. आपकी आवाज़ में भावनात्मक ऊर्जा का प्रभाव देना

लिंक - https://revoicer.com/

6

लेखक बनिये–व्यावसायिक पुस्तक लिखें, कंटेन्ट राइटिंग करें

व्यावसायिक तौर पर आजकल कंटेन्ट राइटिंग, ई बुक मेकिंग का काम ज़ोरों पर है। बड़ी-बड़ी संस्थाओं से लेकर व्यक्तिगत स्तर पर भी लोगों में लेखन की तरफ़ रुझान बढ़ रहा है।

सभी जानते हैं कि लेखन के लिए जहाँ एक तरफ़ विषय की गूढ़ समझ अध्ययन ज़रूरी है, वहीं बड़ा कार्य अभ्यास जनित अनुभव भी ज़रूरी है। उक्त अध्ययन और अनुभव के साथ रिसर्च का भी बड़ा योगदान कंटेन्ट राइटिंग, ई बुक मेकिंग में होता है। हालाँकि, कंटेन्ट राइटिंग एक चुनौती भरा काम है जिसमें हमें मौलिकता को बचाये रखना पड़ता है साथ ही नकल से पूरा परहेज़ या दूरी बनाकर चलना आवश्यक रहता है। फिर भी अलग-अलग संस्थानों की माँग के अनुसार या अलग-अलग लोगों की रुचि के अनुसार बहुत से विषय ऐसे भी हैं जहाँ मौलिकता से ज़्यादा तथ्यों पर विचार किया जाता है। तब जब हमें तथ्यात्मक तत्त्वों का सहारा लेकर कंटेन्ट राइटिंग करनी हो तब ए.आई. निश्चित रूप से एक प्रभावी और तेज़ गति से काम करने वाले टूल्स हमें दे रही है। आगे हम इन्हीं टूल्स के विषय में विस्तार से समझेंगे और अपने रोज़गार के अवसरों को ए.आई. के द्वारा बनाने का प्रयास करेंगे। आज हम प्रचलित टूल्स को नज़दीक से समझते हैं–

1. **ए.आई. जीपीटी-3 (AI GPT-3)**
2. **ए.आई. रीडसी (AI reedsy)**
3. **ए.आई. ग्रामरली (AI Grammarly)**
4. **क्वाइट क्वेल (Quiet Quill) यानी ख़ामोश कलम**

1. ए.आई. जीपीटी-3 (AI GPT-3)

यह जेनेरिक प्री-ट्रेंड ट्रान्सफ़ॉर्मर 3 कृत्रिम बुद्धिमत्ता पर आधारित भाषा से सम्बन्धित टूल्स है जो मौलिक लेखन जैसा लेख पैदा करने के लिए डीप लर्निंग का उपयोग करता है। यह सैन फ्राँसिस्को की कृत्रिम बुद्धिमत्ता अनुसन्धान प्रयोगशाला द्वारा बनायी गयी जीपीटी-वन में तीसरी पीढ़ी

की भाषा टूल्स है। आज की तारीख़ में तमाम आई.टी कम्पनीज़ द्वारा 'एपीआई' के माध्यम से पुस्तक हेतु विषय, चैप्टर, ग्राफ़, खोज रिपोर्ट आदि सामग्री को तत्काल बनाने के लिए इसका उपयोग हो रहा है।

किसी सॉफ़्टवेयर का एप्लिकेशन प्रोग्रामिंग इण्टरफ़ेस या 'एपीआई' वह इण्टरफ़ेस है जो उस सॉफ़्टवेयर के साथ दूसरे सॉफ़्टवेयरों के जुड़ने और उसका उपयोग करने के लिये प्रयुक्त होता है।

अत: GPT-3 अगली पीढ़ी के इस प्रकार के एप्स को ताक़त देता है जो सैकड़ों एप्लिकेशन एपीआई के माध्यम से जीपीटी-3 संचालित खोज, वार्तालाप, पाठ पूर्णता और अन्य उन्नत ए.आई. सुविधाएँ प्रदान कर रहे हैं। इसके माध्यम से निर्मित लेख मानव-लिखित सामग्री जैसा होता है। इसका उपयोग ड्राफ़्ट तैयार करने, विचारों पर विचार-मंथन करने या यहाँ तक कि सम्पूर्ण अध्याय बनाने के लिए भी किया जा सकता है।

2. ए.आई. रीडसी (AI reedsy)

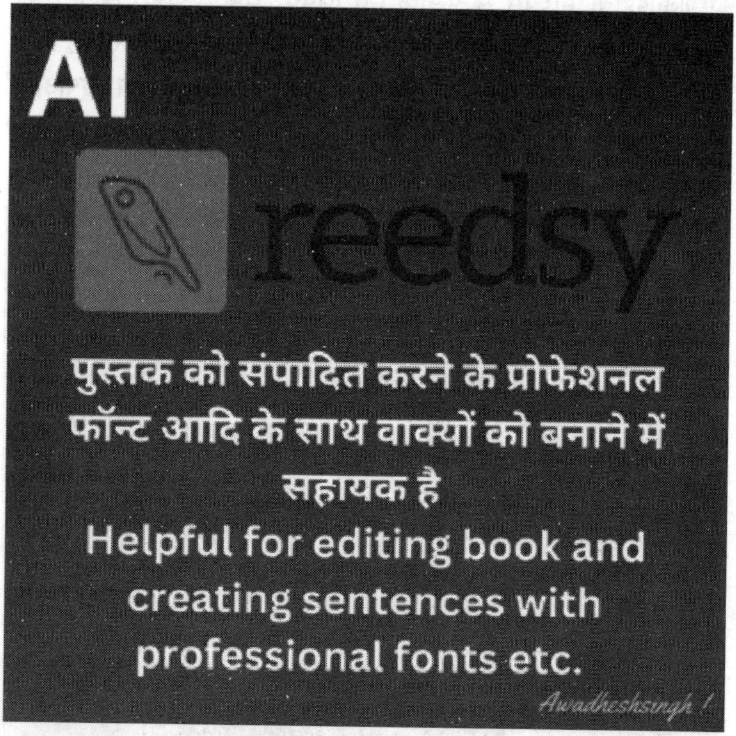

एक अविश्वसनीय लेखन टूल है जो नये और स्थापित लेखकों को एक ही स्थान पर अपनी पुस्तक को सम्पादित करने के प्रोफ़ेशनल फ़ॉन्ट आदि के साथ वाक्यों को बनाने में सहायक है। रीडसी के द्वारा ख़ूबसूरत पुस्तकें तैयार की जा सकती हैं। रीडसी की स्थापना 2014 में इमैनुएल नताफ़, रिकार्डो फेयेट, विंसेंट डूरंड और मैट कॉब के संयुक्त प्रयास से की गयी थी। अब तक 1 मिलियन से अधिक लेखकों और 3,700 फ्रीलांस स्तम्भ लेखकों को जोड़ा है। इस माध्यम से हर साल 15,000 से अधिक किताबें बाज़ार में पहुँच रहीं हैं। हालाँकि, रीडसी के दावे के

अनुरूप काम नहीं है फिर भी भाषा के टूल्स में रीडसी एक महत्त्वपूर्ण ए.आई. टूल है।

3. ए.आई. ग्रामरली (AI Grammarly)

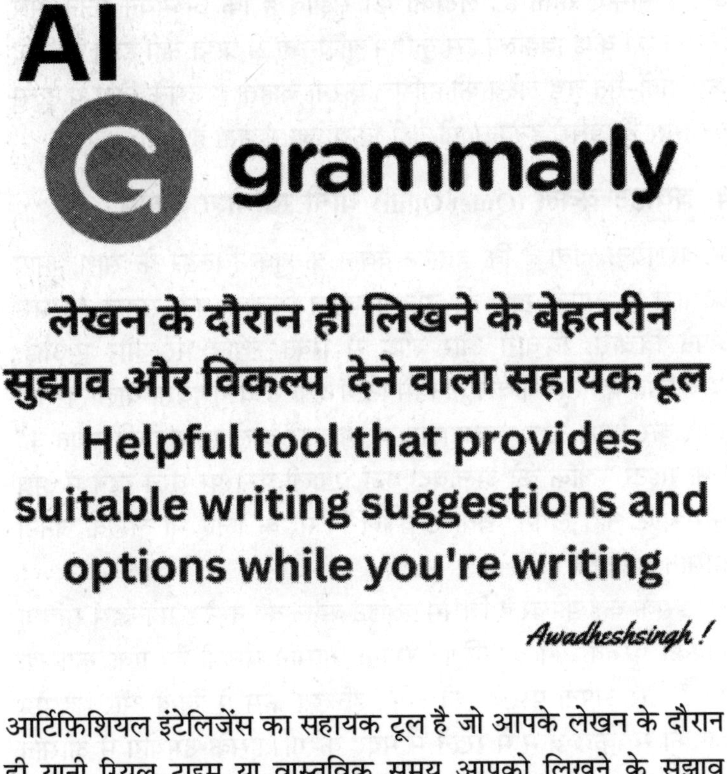

आर्टिफ़िशियल इंटेलिजेंस का सहायक टूल है जो आपके लेखन के दौरान ही यानी रियल टाइम या वास्तविक समय आपको लिखने के सुझाव और विकल्प देता चलता है। इसके माध्यम से कोई शोध पत्र, निबन्ध आदि कुछ भी लिखें। यह मात्र कुछ क्लिक करने पर ही भाषा शिल्प त्रुटियों, टाइपो, व्याकरण सम्बन्धी गलतियों और गलत विराम चिह्नों को हटाने में मदद करता है। इसके साथ ही यह कॉपीराइट के नियमों

के उल्लंघन को भी बताता है। लेखन की गुणवत्ता के साथ सुझाव और विकल्प देना इसकी विशेषता है।

निष्कर्ष–बौद्धिक क्षमताओं के दोहन से होने वाले सृजन में एक वास्तविकता का सहज आभास होता है। वहीं मशीन से सहायता की कुछ अपनी सीमाएँ रहती हैं। लेखकों को सुझाव है कि अध्ययन मनन और चिन्तन का कोई विकल्प इस कृत्रिम बुद्धिमत्ता से प्राप्त नहीं होता है। यदि कोई रातों-रात बड़े लक्ष्य को हासिल करना चाहता है उसके लिए ये टूल्स मददगार हैं, इससे इनकार भी नहीं किया जा सकता है।

4. क़्वाइट क़्वेल (Quiet Quill) यानी ख़ामोश कलम

व्यावसायिक दावा है कि क़्वाइट क़्वेल के बुक बिल्डर के साथ, आप आसानी से अपनी ख़ुद की नॉन-फ़िक्शन किताब बना सकते हैं। बस अपने विचारों, विचारों और शोध से रिक्त स्थान भरें और ए.आई. -संचालित यह टूल केवल तीन मिनट में एक उच्च गुणवत्ता वाली पुस्तक तैयार कर देगा। आप पुस्तकालय या लेखकों वाले संगठन की संगत को यानी राइटर ब्लॉक को अलविदा कहें, खाली पन्ने पर घूरते रहने में अब और घण्टे नहीं लगेंगे। क़्वाइट क़्वेल किसी के लिए भी लेखक बनना आसान बनाता है।

इसके कई फ़ीचर हैं जिसमें क़्वाइट क़्वेल की नेस्टेड फ़ोल्डर्स सुविधा आपकी पुस्तक को व्यवस्थित रखना आसान बनाती है। एक रूपरेखा बनाएँ और अपनी पुस्तक को अपने इच्छित क्रम में लिखें और यह ऐप आपको सबकुछ क्रम में रखने में मदद करेगा। इसके उपयोग में आसान संगठन सुविधाओं के साथ, आप समय बचा सकते हैं और उस पर ध्यान केन्द्रित कर सकते हैं जो वास्तव में मायने रखता है। जब आप अपनी किताब लिख रहे होते हैं। अपने शोध और विचारों को नेस्टेड फ़ोल्डरों के साथ व्यवस्थित करें और क़्वाइट क़्वेल के संगठनात्मक टूल के साथ अपनी पुस्तक लेखन प्रक्रिया को ट्रैक पर रखें।

क़्वाइट क़्वेल का ए.आई. पावर्ड ऑटो कम्प्लीट फ़ीचर आपकी लेखन गति और दक्षता को बढ़ावा देने के लिए डिज़ाइन किया गया है। यह एक लेखन सहायक की तरह है जो आपसे सीखता है और आपकी लेखन शैली को अपनाता है। जैसे ही आप टाइप करते हैं, क़्वाइट क़्वेल का स्वत: पूर्ण टूल ऐसे वाक्यांश और शब्द सुझाता है जो आपकी लेखन शैली में फिट होते हैं, जिससे आपके लिए अपने विचारों को व्यक्त करना आसान हो जाता है।

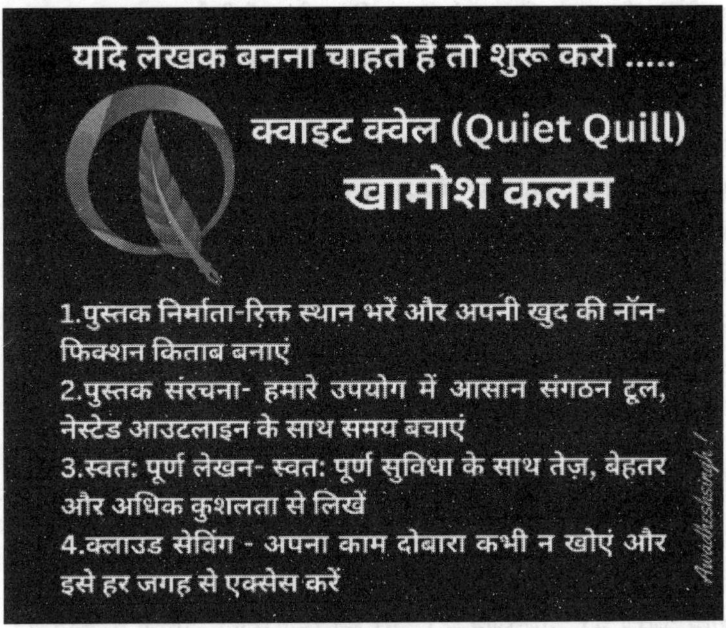

अपनी पहचान को सुरक्षित रखने का एक विशेष फ़ीचर आपका मददगार हो जाता है जब आप क़्वाइट क़्वेल के साथ, अपनी विशेष लेखन शैली ढूँढ़ सकते हैं और अपने लेखन को अगले स्तर पर ले जा सकते हैं। इस ऐप की ए.आई. तकनीक आपके लेखन को पढ़ती है और आपकी अनूठी शैली को अपनाती तथा पहचानती है, ताकि आप एक

पेशेवर की तरह लिख सकें। चाहे आप एक अनुभवी लेखक हों या अभी शुरुआत कर रहे हों, क़्वाइट क़्वेल की स्वत: पूर्ण सुविधा आपके लेखन को बेहतर बनाने और आपके लेखन लक्ष्यों को प्राप्त करने में आपकी सहायता कर सकती है।

क़्वाइट क़्वेल की ऑटोसेव सुविधा फ़ीचर के साथ, आप आत्मविश्वास के साथ लिख सकते हैं, यह जानते हुए कि आपका काम हमेशा क़्लाउड में सहेजा और बैकअप किया जा रहा है। आपको फिर कभी किसी अप्रत्याशित दुर्घटना या बिजली कटौती के कारण लेखन के घण्टों के नुकसान के बारे में चिन्ता करने की ज़रूरत नहीं है। सबसे बड़ी निश्चिंतता यह है कि क़्वाइट क़्वेल की ऑटोसेव सुविधा स्वचालित रूप से आपके काम को सहेजती है, ताकि आप लिखने पर ध्यान केन्द्रित कर सकें और अपनी प्रगति को मैन्युअल रूप से सहेजने की चिन्ता न करें। क्लाउड-आधारित ऑटोसेव टूल आपको अपने काम को कहीं से भी और किसी भी डिवाइस पर एक्सेस करने की अनुमति देता है, जब तक आपके पास इण्टरनेट कनेक्शन है। इससे उपकरणों के बीच स्विच करना और अपनी किताब पर काम करना आसान हो जाता है, चाहे आप घर पर हों, कार्यालय में हों या यात्रा पर हों।

आपको बस इतना करना है कि पुस्तक लिखने के इच्छुक व्यक्ति को आवश्यक जानकारी के बॉक्स के मेन रिक्त स्थान को भरकर अपनी जानकारी या अपने उद्देश्य लिखने होते हैं। क़्वाइट क़्वेल आपकी अपनी नॉन-फ़िक्सन यानी ग़ैर-काल्पनिक पुस्तक तैयार करेगा। पुस्तक के लिए प्राप्त टेक्स्ट को व्यवस्थित करें और रूपरेखा बनाएँ, अपनी पुस्तकों को फ़ोल्डरों के अन्तर्गत नेस्टेड फ़ाइलों में व्यवस्थित करें और अपने इच्छित क्रम के अनुसार अपनी पुस्तक लिखें। अपनी पुस्तक को तैयार करने के उपरान्त अपने काम को निर्यात करें और मुद्रण, स्वयं-प्रकाशन, या वर्ड, पीडीएफ, या सादे पाठ जैसे लोकप्रिय प्रारूपों में निर्यात करने के लिए इसे एक दस्तावेज़ में संकलित करें।

यदि व्यावसायिक लेखक बनना चाहते हैं तो शुरू करो अब लिखना

1. **पुस्तक निर्माता-रिक्त स्थान भरें और अपनी ख़ुद की नॉन-फिक्शन किताब बनाएँ**
2. **पुस्तक संरचना-हमारे उपयोग में आसान संगठन टूल, नेस्टेड आउटलाइन के साथ समय बचाएँ**
3. **स्वतः पूर्ण लेखन-स्वतः पूर्ण सुविधा के साथ तेज़, बेहतर और अधिक कुशलता से लिखें**
4. **क्लाउड सेविंग-अपना काम दोबारा कभी न खोएँ और इसे हर जगह से एक्सेस करें**

लिंक - https://quietquill.com/home

7

बुक पब्लिशिंग एण्ड एडिटिंग

आज के दौर में सम्पादन, प्रकाशन और विपणन हुआ और भी अधिक आसान। हाँ जी आर्टिफ़िशियल इंटेलिजेंस यानी ए.आई. टूल्स से सम्पादन, प्रकाशन तथा विपणन की रहें हुईं आसान। रातों-रात पुस्तक लेखन के साथ बेस्टसेलर बनाने की ऑनलाइन सेमिनार और वर्कशॉप के विज्ञापनों

से सोशल मीडिया भरा पड़ा है। जहाँ कोई भी स्टार लेखक बनने के सपने को साकार कर सकता है। यह सभी दावे हालाँकि कल्पना से दूर नहीं हैं और सत्य के नज़दीक हैं, लेकिन हैं चुनौतीपूर्ण। आर्टिफ़िशियल इंटेलिजेंस की मदद से लेखक अपने विचार की विषयवस्तु का चयन आसानी से कर सकता है। उदाहरण के लिए चैट जीपीटी की खोज पट्टिका में यदि लेखक एक शब्द युद्ध लिखता है तब उसके सामने अनगिनत शब्दों के समूह सर्च विकल्प पर सुझाव के रूप में दिखने लगते हैं, जैसे युद्ध के लाभ, युद्ध से हानि, युद्ध का इतिहास, मानवता और युद्ध, युद्ध की रणनीति, युद्ध और शान्ति, युद्ध के कारक, युद्ध और सैनिक, राम-रावण युद्ध, द्वितीय विश्वयुद्ध...आदि आदि।

लेखक जब विषयवस्तु का चयन कर लेगा तब वह लेख आलेख या कहानी कुछ भी लिखने के लिए पुनः आर्टिफ़िशियल इंटेलिजेंस की मदद से विवरण को एकत्र करेगा। समस्त विवरण को एकत्र करने के बाद लेखक के सामने पुस्तक लेखन को सम्पूर्ण देनी होती है। इस समय भाषा, शिल्प, शब्द चयन, व्याकरण आदि के सुधार संशोधन की आवश्यकता हो जाती है। इसके लिए सम्पादकीय टूल्स की आवश्यकता को आर्टिफ़िशियल इंटेलिजेंस की मदद से पूरा किया जा सकता है।

हमने अभी तक नि:शुल्क ए.आई. जीपीटी -3 टूल्स [OpenAI's GPT-3 tools] की जानकारी प्राप्त की, सम्पादिकीय और प्रकाशन काम के लिएरीडसी बुक एडिटर [Reedsy Book Editor] को जाना तथा साथ में शब्द शिल्प के चयन, व्याकरण आदि के सटीक सुझाव या विकल्प को लेने के लिए ग्रामरली [Grammarly] के उपयोग को समझा है। इसी क्रम में कुछ और आर्टिफ़िशियल इंटेलिजेंस के मौजूदा टूल्स की जानकारी आगे देने जा रहा हूँ, ताकि आपको लेखन के लिए उपलब्ध आई. टूल्स और उनकी क्षमता एवं प्रकार के विषय में जानकारी प्राप्त हो सके।

1. **स्क्रिबेंडी का ए.आई. लेखन सहायक** (Scribendi's AI Writing Assistant) यह सम्पादन की समस्त सेवाएँ जैसे व्याकरण, वाक्य संरचना और सटीक शब्दों के चयन का सरलीकरण उपलब्ध करने वाला आर्टिफ़िशियल इंटेलिजेंस द्वारा उत्पादित टूल्स है। इसके द्वारा प्रूफ़रीडिंग और सम्पादन सेवा का काम बहुत आसान हो जाता है। लेखक को कृत्रिम बुद्धिमत्ता के प्रयोग से समय की बचत होती है, वहीं किसी सम्पादक के द्वारा मौलिक चिन्तन की अपेक्षा यह सहज-सस्ता और स्पीडी है।

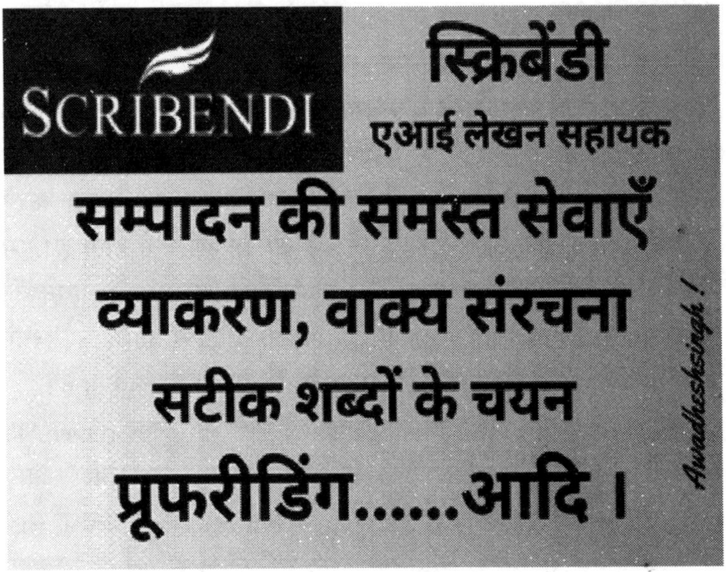

2. ए.आई. लेखन में तत्काल सहायक के रूप में लेखन सहयोगी [Prompts by the Writing Cooperative]

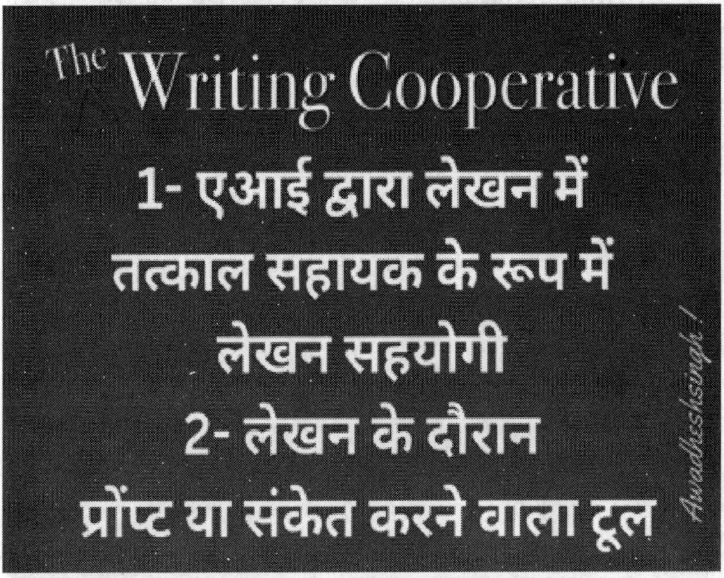

वर्तमान में आर्टिफ़िशियल इंटेलिजेंस के मौजूदा टूल्स में काफ़ी मददगार साबित हो रहा है। यह लेखन के दौरान प्रोंप्ट या संकेत करने वाला टूल है। यदि लेख में किसी प्रकार का जेंडर या लेखन विषय वस्तु के भाव में कोई बेमेल स्थिति आ रही होती है, तब यह सुझाव और विकल्प के संकेत देता चलता है।

3. केडीपी रॉकेट [KDP Rocket (now Publisher Rocket)]

आर्टिफ़िशियल इंटेलिजेंस का यह उपकरण पुस्तक की मार्केटिंग करने में मदद देता है। आजकल इसे पब्लिशर रॉकेट कहते हैं, जिसे पहले केडीपी रॉकेट कहा जाता था। हालाँकि, यह ए.आई. लेखन उपकरण नहीं है, बल्कि एक कीवर्ड रिसर्च टूल है जो आपको यह समझने में मदद करता है कि पाठक अमेज़न का उपयोग कैसे करते हैं और जो किताबें खरीदते हैं उन्हें कैसे चुनते हैं। यह पीसी और मैक दोनों के साथ काम करता है, लेखक इसे डाउनलोड कर सकते हैं। यह प्रकाशक रॉकेट मूलतः एक रिसर्च टूल है। अमेज़न पर बेहतर पुस्तक विपणन और खोज योग्यता के लिए लेखकों को लाभदायक पुस्तक विषय और कीवर्ड ढूँढ़ने में मदद करने के लिए डेटा-संचालित अंतर्दृष्टि का उपयोग करता है।

4. क्रैंकव्हील का ए.आई. रिसर्च असिस्टेंट [CrankWheel's AI Research Assistant]

क्रैंकव्हील एआई रिसर्च असिस्टेंट है

लेखक वर्ग एवं शोधकर्ताओं हेतु ब्लॉग, वेब पेजों तथा नॉनफिक्शन या कथेतर साहित्य / आलेख आदि ... तैयार करने के लिए .....

आर्टिफ़िशियल इंटेलिजेंस की सहायता से लेखन कर रहे लेखक वर्ग के लिए तथा शोधकर्ताओं के लिए एक उपयोगी उपकरण है। गौरतलब है कि ग़ैर-काल्पनिक या शोध-गहन परियोजनाओं पर काम करने वालों के लिए तथ्यों को जुटाने और सटीक संशोधन करने में यह उपयोगी है। ब्लॉग आदि लेखों और वेब पेजों को अपने आप संक्षिप्त करने के साथ सम्बन्धित खोज के तत्काल परिणाम देने से लेखकों का प्रयास और समय की बचत होगी। यह टूल लेखों और वेब पेजों को सारांशित करके लेखकों को शोध में मदद करता है, जिससे ग़ैर-काल्पनिक या शोध-गहन पुस्तकों के लिए जानकारी एकत्र कर नया लेखन आसान हो जाता है।

5. वॉयंट टूल्स [**Voyant Tools**] **:** कहना चाहता हूँ कि वॉयंट टूल्स ए.आई. राइटिंग टूल नहीं है, वॉयंट टूल्स एक ऐसा टूल्स है जो लेख का विश्लेषण टूल है जो लेखकों को उनके टेक्स्ट डेटा का विश्लेषण और कल्पना करने में मदद कर सकता है, जो शोध या उनके लेखन में पैटर्न को समझने के लिए उपयोगी हो सकता है।

VOYANT

वॉयंट टूल्स एआई राइटिंग टूल नहीं है, यह लेख का विश्लेषण टूल है , शोध या लेखन में पैटर्न को समझने के लिए तथा ग्रंथों या संग्रहों के पढ़ने और व्याख्या करने में सहायक है ।

Awadheshsingh!

वॉयंट टूल्स टेक्स्ट विश्लेषण करने के लिए एक ओपन-सोर्स, वेब-आधारित एप्लिकेशन है। यह विशेष रूप से डिजिटल मानविकी के विद्वानों द्वारा, बल्कि छात्रों और आम जनता द्वारा भी ग्रंथों या संग्रहों को विद्वतापूर्ण पढ़ने और व्याख्या का समर्थन करता है। इसका उपयोग ऑनलाइन टेक्स्ट या उपयोगकर्ताओं द्वारा अपलोड किये गये टेक्स्ट का विश्लेषण करने के लिए किया जा सकता है।

8

अपराध जगत के नये पैंतरे–डीप फ़ेक द्वारा धोखा ठगी की बड़ी साजिश

डीप फ़ेक–ए.आई. द्वारा छवि से अनैतिक खिलवाड़

अभी पिछले दिनों 18 दिसम्बर की बात है जब दिल्ली हाई कोर्ट ने सुविख्यात पत्रकार और इण्डिया टीवी के मालिक **रजत शर्मा** को गहरे डीप फ़ेक से बने फ़र्जी वीडियो दुर्व्यवहार से बचाया। कोर्ट ने ए.आई. और डीप फ़ेक तकनीक के दुरुपयोग को हरी झंडी देने से इनकार करते हुए विचाराधीन सामग्री को हटाने के रूप में राहत का आदेश दिया है। सामग्री में झूठे वीडियो और फ़ोटोशॉप की गयी तस्वीरें शामिल हैं। ए.आई.

तकनीक को संश्लेषित करने वाली ऐसी सामग्रियाँ शर्मा की आवाज़ या फ़ोटो या उनके व्यक्तित्व के किसी अन्य पहलू को विकृत करती हैं जो उनकी प्रतिष्ठा को नुकसान पहुँचा सकती हैं। जिसमें रजत शर्मा द्वारा मधुमेह, जोड़ों और प्रोस्टेट दर्द और प्रोस्टेटाइटिस के इलाज के रूप में कुछ दवाओं की प्रभावकारिता पर फ़र्ज़ी सिद्धान्तों को आगे बढ़ाने की बात कही गयी है, इसे शर्मा और अमिताभ बच्चन और नरेश त्रेहन जैसी कुछ अन्य हस्तियों के रूप में प्रस्तुत किया गया था।

अदालत का निर्णय मेटा प्लेटफ़ॉर्म इंक **Meta Platforms, Inc. (Meta)** को प्रतिवादियों से जुड़ी सभी सामग्री को ब्लॉक करने और हटाने के लिए त्वरित कार्रवाई करने का आदेश देने के साथ-साथ भ्रामक सामग्री बनाने और वितरित करने के लिए ज़िम्मेदार लोगों की पहचान का खुलासा करने की आवश्यकता तक भी विस्तारित है। इसमें इण्डिया टीवी के पंजीकृत ट्रेडमार्क का शोषण भी हुआ। यह आरोप लगाया गया था कि प्रतिवादी बिना अनुमति के शर्मा के लोकप्रिय टेलीविज़न शो, "**आज की बात: रजत शर्मा के साथ**" के फुटेज का उपयोग करके कॉपीराइट क़ानूनों का उल्लंघन कर रहे थे।

मिलती-जुलती दूसरी कहानी–नारायण मूर्ति डीप फ़ेक वीडियो वायरल: आपसे बाज़ार में प्रतिदिन ₹2.50 लाख रिटर्न का वादा

महिलायें हैं इनका बड़ा लक्ष्य
भारतीय अभिनेत्री राश्मिका मन्धाना को
डीप फ़ेक का नया निशाना बनाया गया

गौरतलब है कि उक्त के अतिरिक्त शायद हर कोई 2023 की पिछली दिलचस्प कहानी को जानना चाहेगा, जिसमें भारतीय अभिनेत्री राश्मिका मंन्धाना को डीप फ़ेक का नया निशाना बनाया गया। रोचक बात यह थी कि इस कुकृत्य को अभिषेक नामक इंस्टाग्राम यूजर ने पकड़ा और खुलासा किया कि यह डीप फ़ेक वीडियो है जिसमें शरीर के ऊपर सिर्फ़ सर यानी हेड बदला गया है। वास्तविक ओरिजनल वीडियो जारा पटेल का है वह ब्रिटिश इंडियन लड़की है जिसके वर्तमान में 415 हज़ार फॉलोवर इंस्टाग्राम में हैं। इसे 9 अक्टूबर, 2023 को अपलोड किया गया था। इस खुलासे की अपनी पहली प्रतिक्रिया में अभिषेक ने कहा कि जिस इंस्टाग्राम में वायरल वीडियो को आप अभिनेत्री राश्मिका मन्धाना का समझ रहे हैं वह डीप फ़ेक वीडियो वास्तव में जारा पटेल का है।

इस खुलासे पर तत्काल सच की मोहर लगाते, दर्द बयाँ करते अभिनेत्री राश्मिका मन्धाना ने कहा कि वे यह बात साझा करते हुए आहत महसूस कर रही है कि वायरल वीडियो डीप फ़ेक है। इस प्रकार के काम को देख मैं ईमानदारी से कह रही हूँ कि यह सिर्फ़ एक टेक्नॉलजी के

इस प्रकार के दुरुपयोग से बेहद डराने वाली घटना है, मेरे लिए ही नहीं, बल्कि हममें से उन सभी के लिए जो असुरक्षा और उससे होने वाले नुकसान के दायरे में रहते हैं।

अभिनेत्री राश्मिका मन्धाना ने आगे बात जारी रखते हुए कहा कि आज एक महिला और अभिनेत्री के रूप में मैं, अपने दोस्तों और परिवार तथा शुभचिन्तकों के प्रति शुक्रगुज़ार हूँ जिनकी वजह से मुझे सुरक्षा और समर्थन प्राप्त हुआ। लेकिन, यदि यह मेरे स्कूल और कॉलेज के दिनों में रहता तो मैं यह सोच भी नहीं सकती थी कि उन दिनों इस घटना का सामना मैं कैसे कर सकती थी।

साइबर क्राइम से जुड़े संस्थानों को अपनी शिकायत दर्ज कराते हुए अभिनेत्री ने कहा कि हमें एक सिविल सोसाइटी के सदस्य के रूप में मानकर आपको इस बात को तत्काल ध्यान देने की आवश्यकता है, ताकि हमारी पहचान से खिलवाड़ करने के इरादे से कोई अब आगे न बढ़ सके। तत्काल इस पर कुछ हो, ताकि इस प्रकार की घटना से और अन्य लोग प्रभावित न हों।

डीप फ़ेक क्या है

डीप फ़ेक ए.आई. का अनैतिक उपयोग दर्शाता है। यह एक प्रकार का सिंथेटिक मीडिया है जो प्रामाणिक दिखने के लिए अक्सर दुर्भावनापूर्ण उद्देश्य से दृश्य और ऑडियो सामग्री में हेरफेर करने या उत्पन्न करने के लिए ए.आई. का उपयोग करता है। यह कम्प्यूटर मशीन के द्वारा दो चेहरों की समानता को अध्ययन करने की आसान तकनीक है, यह दोनों चेहरों के उन विपरीत बिन्दुओं को कम करने की दिशा में मददगार है जिसके कारण दोनों चेहरे अलग प्रतीत होते हैं। यह दोनों चेहरों के मूल अन्तर को लगभग ख़त्म कर देने का आश्चर्यजनक परिणाम देता है। अनैतिक काम करने वाले साइबर अपराधी द्वारा इस तकनीक की मदद से किसी भी सेलिब्रेटी की साख को चोट पहुँचायी जा सकती है। अभिनेत्री

राश्मिका मंन्धाना की घटना इसी प्रकार की घटना है जिसके द्वारा उनकी साख को ख़राब करने का प्रयास किया गया था।

- **डीप फ़ेक को दो शब्दों के जोड़ से समझना आसान है**
- **डीप फ़ेक = डीप + फ़ेक = लक्ष्य चेहरे की पहचान**
- **नैतिक उपयोग - भीड़ के बीच से वांछित अपराधी की पहचान**
- **अनैतिक उपयोग - किसी व्यक्ति की छवि बिगाड़ना**

डीप फ़ेक टेक्नॉलजी वस्तुतः आर्टिफ़िशियल इंटेलिजेंस की मदद से फ़ोटो / वीडियो को अल्टर करने की क्षमता रखता है

कृपया ध्यान दें-

1. यहाँ पहला शब्द डीप लर्निंग यानी विषय का गहन अध्ययन जिसमें साइबर चोर आपका व्यक्तिगत व्यवहार, हाव-भाव तथा दिनचर्या पर गहन अध्ययन करता हुआ, सभी प्रकार की सामग्री को जमा करता रहता है।

डीप लर्निंग वस्तुतः हज़ारों की संख्या में विभिन्न श्रोतों से प्राप्त तस्वीरों की समानता और असमानता का अध्ययन है।

डीप लर्निंग वस्तुतः हजारों की संख्या में विभिन्न श्रोतों से प्राप्त तस्वीरों की समानता और असमानता का अध्यन है। *Awadheshsingh!*

2. दूसरा शब्द फ़ेक है यानी असत्य, जोड़-तोड़ या फेब्रिकेटेड प्रस्तुति। यह फ़ेक प्रस्तुति सम्भवतः दो उद्देश्यों को सामने रख कर की जा सकती है पहला कि किसी ख्याति प्राप्त व्यक्ति को असत्य तरीक़ों से बदनाम करते हुए उसके चरित्र और साख को ध्वस्त करना। दूसरा तत्काल चर्चा में आने के लिए निगेटिव मार्केटिंग की मदद लेना यानी बदनामी से नाम कमाने के उद्देश्यों को लेकर भी हो सकती है, आज के युग में यह भी हो रहा है।

डीप फ़ेक टेक्नीक को कैसे करते हैं–

डीप फ़ेक टेक्नीक करने वाले साइबर क्रिमिनल अन्तर्गत आर्थिक लाभ के लिए पहले वीडियो–फ़ोटो आदि को टेंपर करने की मनोधारणा बनाते हैं और इस प्रकार की सेवाओं के लिए ग्राहक को संपर्क सूत्र सोशल मीडिया के माध्यम से भेजते हैं।

साइबर क्रिमिनल पहले आर्टिफ़िशियल एलगोरिदम से अलग-अलग हज़ारों फ़ोटोज़ और वीडियोज़ में निकटतम बिन्दु तक समानता खोजते हैं। फिर मिलते हुए चेहरों को एक-दूसरे पर लगाकर नया दृश्य बना देते हैं। यह नया दृश्य किसी भी व्यक्ति को प्रभावित कर सकता है। चेहरा किसी का और शेष शरीर किसी और का जोड़ देने पर बनी तस्वीर या वीडियो उस वक़्त भयानक हो सकता है जब वह चेहरा वस्तुतः उस प्रकार के आचार-व्यवहार चरित्र से अलग हो। कुछ पलों में यह वायरल हो जाता है, चरित्र की हत्या और साख को बर्बाद होने में समय नहीं लगता है। पीड़ित–प्रभावित व्यक्ति जब तक इसका खंडन करे और अपने पक्ष पर कुछ स्पष्टीकरण करे तब तक देर हो जाती है।

फ़ेक इमेज को वास्तविक इमेज के ऊपर लगाने के पहले वास्तविक इमेज के हाव-भाव, बोलने–मुस्कुराने आदि के तरीक़ों को फ़ेक इमेज के ऊपर लगा देते हैं। इस तरीक़े से फ़ेक इमेज वास्तविक इमेज जैसी ही हो जाती है।

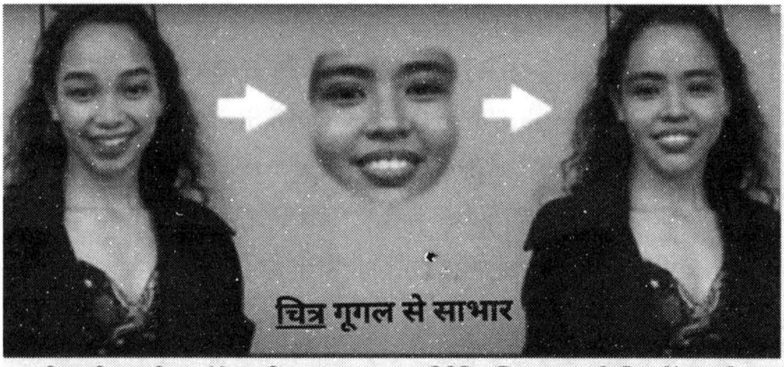

डीप फेक टेक्नॉलजी वस्तुतः आर्टिफ़िशियल इंटेलिजेंस की मदद से फोटो / वीडियो को अल्टर करने की क्षमता रखता है

Awadheshsingh!

डीप फ़ेक्स से मुक़ाबला कैसे करें–

1. सभी को अपनी व्यक्तिगत पहचान के प्रति सतर्क रहना चाहिए। तस्वीरें एवं वीडियोज़ को सीमित सर्किल में प्रसारित या अग्रसारित करें, ताकि इसका ग़लत प्रयोग न हो सके।
2. सोशल मीडिया में सेटिंग के अन्दर जाकर अपने अकाउंट में एक्सिस यानी घुसने के अधिकार को डिसेबल करें।
3. निःशुल्क एप या गेम्स एप को कभी भी अपने डिवाइस के मोबाइल नम्बर, ईमेल एड्रेस, फ़ोटो गैलरी या वीडियो गैलरी, मेसेज बाक्स आदि में घुसने की इजाज़त न दें।
4. अपने सभी पासवर्ड को समय-समय पर बदलते रहें।
5. विकटिम या पीड़ित होने की अवस्था में अपने सभी ग्रुप और पहचान में इस घटना को प्रसारित कर दें, ताकि आपसे जुड़े सभी सर्किल में एक अलर्ट जा सके।
6. साथ ही, पीड़ित के रूप में सम्बन्धित पुलिस या साइबर क्राइम को विधिवत रिपोर्ट करें।

7. पीड़ित को अपने चेहरे और फ़ेक के बीच तत्काल अन्तर को चिन्हित करना चाहिए और उसे सभी सम्बन्धित को बताते हुए वायरल वीडियो या औडियो या फ़ोटो का खण्डन करना चाहिए। आज के युग में समय पर ध्यान देने की ज़रूरत है। सरकार की विभिन्न ज़िम्मेदार एजेंसीज़ जैसे रेग्युलेटरी, पॉलिसी, क़ानून, संविधान नियन्ताओं को भी आवश्यक चिन्तन-मनन की ज़रूरत है।

डीप फ़ेक बनाम ओरिजिनल को पहचानने के लिए क्या करें

1. ऑडियो और वीडियो की गुणवत्ता को मिलाएँ तथा उसमें बनावट से उत्पन्न अन्तर को चिन्हित करें–पहचाने
2. चित्र या वीडियो के पीछे के दृश्य, यानी बैकग्राउंड को ठीक से पहचाने और अन्तर खोजें
3. इमेज या फ़ोटो को रिवर्स करते हुए पूरा वीडियो देखें तथा अन्तर पहचाने
4. डीप फ़ेक को जाँचने–खोजने के कई टूल्स हैं उनको अभ्यास में रखें

निष्कर्ष : मानव मन हमेशा दो प्रकार की सक्रियताओं में संलग्न रहता है। एक वो जो दूसरों की बेहतरी पर काम करे, दूसरे वे जो दूसरों को नुकसान पहुँचा कर अपना लाभ लें। आर्टिफ़िशियल इंटेलिजेंस भी इससे अछूता नहीं है। अपराधी इसका दुरुपयोग करने का प्रयास करते हैं। डीप फ़ेक इसी प्रकार का कुत्सित प्रयास है जिसमें किसी व्यक्ति की छवि को खराब करने के लिए उसकी मौजूदा छवि को बिगाड़ देते हैं और प्रचारित करने का भय दिखाकर उससे पैसा उगाही करते हैं।

9

अपराध जगत के नये पैंतरे–साइबर क्राइम–बैंक खातों में सेंध, डिजिटल अरेस्ट आदि

जैसे-जैसे दुनिया कम्प्यूटर पर आधारित व्यक्तिगत एवं संस्थागत दुनिया में चल रही है, उसी अनुपात में दुनिया में हर दिन लगभग 4000 नये साइबर हमले होते हैं। हर 14 सेकंड में, एक कम्पनी रैंसमवेयर हमले का शिकार हो जाती है, जिसके परिणामस्वरूप विनाशकारी वित्तीय नुकसान हो सकता है, जबकि हर दिन मैलवेयर के 560,000 नये टुकड़े पाये जाते हैं। स्वास्थ्य सेवा और वित्त जैसी बहुमूल्य जानकारी संगृहीत करने वाले उद्योग आमतौर पर उन हैकरों के लिए बड़े लक्ष्य होते हैं जो सामाजिक सुरक्षा नम्बर, मेडिकल रिकॉर्ड और अन्य व्यक्तिगत डेटा चुराना चाहते हैं।

गौरतलब है कि साइबर अपराध का तात्पर्य कम्प्यूटर या इण्टरनेट के उपयोग से होने वाले अवैध कार्यों से है। व्यक्तिगत हमलों के साथ ही ये साइबर अपराधी संवेदनशील तथा वित्तीय लेनदेन वाले कॉर्पोरेट डेटा को चोरी करना और बेचने का काम भी करते हैं। कई बार साइबर अपराधी हमले को रोकने के लिए भुगतान की माँग भी करते हैं। मुख्यतः साइबर अपराध के पाँच प्रकार हैं?

1. **कम्प्यूटर की हैकिंग :** किसी भी संस्थान के कम्प्यूटर नेटवर्क में ये आपराधिक हैकिंग नेटवर्क में डेटा तक अनधिकृत पहुँच प्राप्त करने का कार्य है। कम्प्यूटर हैकर उस संस्थान की गतिविधियों को रोक देते हैं या उसमें मनचाहा परिवर्तन करते हुए उसके महत्त्वपूर्ण डेटा को नष्ट कर देते हैं। अधिकतर ये हैकर संगठित गिरोह के रूप में ऐसे कार्यों को अंजाम देते हैं जिससे सरकारें भी नुकसान उठा जाती हैं।
2. **मैलवेयर को संस्थापित करना :** मैलवेयर वह सॉफ़्टेवेयर है जो कम्प्यूटर के एप्लीकेशन को अवरोधित कर देता है। कम्प्यूटर के सामान्य कामकाज में हस्तक्षेप करने या साइबर अपराध करने के लिए डिज़ाइन किये गये किसी भी कोड को सन्दर्भित करता है।
3. **पहचान की चोरी :** पहचान की चोरी एक अपराध है जिसमें एक साइबर अपराधी किसी पीड़ित व्यक्ति से उसकी व्यक्तिगत या संवेदनशील जानकारी जैसे पैन कार्ड डिटेल, आधार कार्ड डिटेल, बैंक एकाउंट नम्बर, ओटीपी आदि को प्राप्त करने के लिए धोखाधड़ी या धोखे का उपयोग करता है और पीड़ित के नाम पर कार्य करने के लिए इसका दुरुपयोग करता है। वर्तमान समय में डिजिटल लेनदेन का युग है। इस लेनदेन के दौरान मोटी रकम का स्थानान्तरण आम बात है। जिसमें उपयोग कर्ता यूजर आई डी और पासवर्ड का प्रयोग कई बार करते रहते हैं।

साइबर अपराधी इस प्रकार की सभी गतिविधियों में कुछ इस प्रकार से घुसपैठ करते हैं जो उपयोगकर्ता के संज्ञान में नहीं रहता है और वह कुछ ही पलों में उपयोगकर्ता के बैंक अकाउंट से उसकी जमा पूँजी एक झटके से उड़ा लेता है। इस प्रकार की ख़बरें अख़बारों में तथा न्यूज़ चैनल और सोशल मीडिया में आये दिन आती रहती हैं।

4. **डिजिटल अरेस्ट** : डिजिटल अरेस्ट एक तरह का धोखाधड़ी का तरीक़ा है। अधिकतर यह एक सुनियोजित साइबर गिरोह द्वारा की जाने वाली बड़ी धोखाधड़ी है। इसमें साइबर अपराधी द्वारा सरकारी संस्थाओं या बैंक के प्रतिनिधि के रूप में एक कहानी गढ़कर धोखे को अंजाम दिया जाता है। अपराधी बहरूपिया ख़ुद को सरकारी या क़ानूनी अधिकारी बताकर, ईमेल, टेक्स्ट मैसेज, या फ़ोन कॉल के ज़रिये लोगों को धोखा देते हैं। धोखेबाज़ दावा करते हैं कि किसी ऑनलाइन या साइबर अपराध में आपकी गिरफ़्तारी वारंट जारी हुआ है या आपकी जाँच चल रही है। अख़बारों में डिजिटल अरेस्ट की घटनाएँ आमतौर पर ऐसे अपराध करने वाले अपने आर्थिक लाभ से प्रेरित होते हैं।

5. **सोशल इंजीनियरिंग** : साइबर अपराधी पीड़ित व्यक्ति को बहला-फुसलाकर अपने चंगुल में फँसाकर अपराध को अंजाम देता है। इसमें साइबर अपराधी किसी व्यक्ति के धन को कम समय में दोगुना करने या समाज से छिपाकर फ्री सेक्स के प्रस्ताव या सरकारी विभागों, अदालत आदि के कार्यों को निपटवा देने का लालच देकर एक ऐसा जाल फैलाते हैं जिसमें व्यक्ति फँसकर अपने सारे बैंक अकाउंट से स्वयं ही बड़ी रकम निकालकर अपराधी को देने को बाध्य हो जाता है। इस प्रकार की साइबर धोखाधड़ी में अधिकतर बुज़ुर्ग या अकेले जीवन को व्यतीत करने वाले धनी लोग रहते हैं।

6. **सॉफ़्टवेयर चोरी** : सॉफ़्टवेयर चोरी एक प्रकार से सॉफ़्टवेयर पाइरेसी है जिसमें कॉपीराइट किये गये सॉफ़्टवेयर की अनधिकृत प्रतिकृति बनाई जाती है। इसे सॉफ़्टलिफ़्टिंग, जालसाज़ी, इण्टरनेट चोरी, हार्ड-डिस्क लोडिंग और ओईएम अनबंडलिंग जैसे नामों से भी जाना जाता है। आजकल ऑनलाइन पायरेसी भी प्रचलन में है इसमें अवैध रूप से पायरेटेड सॉफ़्टवेयर को ऑनलाइन साझा किया जाता है। सॉफ़्टवेयर चोरी कई रूप ले सकती है, जिसमें सॉफ़्टलिफ़्टिंग, हार्ड डिस्क लोडिंग, धोखाधड़ी, क्लाइंट-सर्वर दुरुपयोग और इण्टरनेट चोरी शामिल हैं।
7. **फ़ेस रिकाग्निशन : फ़ेस रिकाग्निशन का उजला पक्ष हमें रिमोट कंट्रोल द्वारा सुरक्षा प्रदान करता है इसके अन्तर्गत** कम्प्यूटर मशीन द्वारा भीड़ वाले स्थलों पर लगाये गये कैमरों द्वारा भीड़ से कैप्चर की गयी तस्वीरों से '**फ़ेस रिकाग्निशन**' की प्रक्रिया करते हैं जिसमें चेहरे के विभिन्न कोणों से अपराधी की पहचान सुनिश्चित होती है। अपराधी की तस्वीर की समानता वाले चेहरे की खोज यह तकनीक आसान कर देती है। आजकल विभिन्न संस्थाओं में फ़ेस रिकाग्निशन तकनीक से स्टाफ की अटेंडेंस लगती है और मोबाइल भी इसी बायोमेट्रिक से लॉक ओपेन करता है। फ़ेस रिकाग्निशन अब सामान्यता सरकारी और प्राइवेट संस्थाओं में सुरक्षा सम्बन्धी एक उपकरण की तरह प्रयोग में आ रहा है।

साइबर अपराधी मैलवेयर, फ़िशिंग ईमेल और अन्य दुर्भावनापूर्ण टूल बनाने के लिए कृत्रिम बुद्धिमत्ता (ए.आई. टूल का उपयोग करते हैं। ए.आई. का उपयोग पासवर्ड और कैप्चा को तोड़ने और भाषण को क्लोन करने के लिए भी किया जा सकता है। साइबर अपराधी ए.आई. टूल्स का उपयोग अपने लक्ष्य की संचार शैली के आधार पर फ़िशिंग ईमेल तैयार करने या टोही प्रक्रियाओं को स्वचालित करने के लिए करते हैं।

इसका दूसरा पक्ष भी है आज साइबर सुरक्षा से जुड़ी एजेंसियाँ अपराध की सूचना मिलते ही, ए.आई. की मदद से वास्तविक समय में बड़े डेटासेट का विश्लेषण करके और पूर्वानुमानित अन्तर्दृष्टि प्रदान करके ख़तरे की ख़ुफ़िया जानकारी को बढ़ाता है। यह ए.आई. की क्षमता साइबर सुरक्षा टीमों को हमले होने से पहले ही उनका पूर्वानुमान लगाने और उनसे बचाव के लिए सक्रिय उपाय करने की अनुमति देती है।

साइबर अपराध पुलिस क्या करती है?

एक साइबर अपराध अन्वेषक साइबर अपराध की घटनाओं, जैसे- हैकिंग, पहचान की चोरी, धोखाधड़ी और अन्य प्रकार के साइबर-सम्बन्धी अपराधों की जाँच और विश्लेषण करने के लिए ज़िम्मेदार होता है। उनका प्राथमिक लक्ष्य दोषियों की पहचान करना और सबूत इकट्ठा

करना है जिनका उपयोग अदालत में उन पर मुकदमा चलाने के लिए किया जा सकता है।

साइबर क्राइम से बचाव के मुख्य सुझाव

1. **पर्सनल कम्प्यूटर में ओरिजनल सॉफ़्टवेयर या अप्लीकेशन तथा वेरीफाइड एप्स को ही इंस्टाल करें।**
2. **ईमेल या सोशल साइट का पासवर्ड समय-समय पर बदलें। पासवर्ड बनाने में व्यक्तिगत जानकारी जैसे जन्मतिथि आदि का प्रयोग न करें।**
3. **नेटबैंकिंग के उपयोगकर्ता भी अपना पासवर्ड स्ट्राँग बनाएँ तथा बैंक द्वारा प्रसारित सूचनाओं के अनुसार सुरक्षा सम्बन्धी उपाय करते रहें। कभी भी किसी को ओटीपी न तो बताएँ और न ही ओटीपी को बोल कर उच्चारित करें।**
4. **बिना पहचान की ईमेल को खोले नहीं और न ही उसके अटैचमेंट को सेव रखें यह मालवेयर हो सकता है। लालच या प्रलोभन से जुड़े प्रस्ताव से परहेज करें।**
5. **बिना पहचान की फोन कॉल, व्हाट्सएप कॉल, वीडियो कॉल को कभी भी अटेंड न करें और न ही इस प्रकार की चैट पर भेजे लिंक को खोलें।**
6. **बैंक अधिकारी, कस्टम अधिकारी, पुलिस अधिकारी, फोन अधिकारी, ट्राइ अधिकारी, रिज़र्व बैंक के अधिकारी आदि से सम्बन्धित कोई भी कॉल से बात न करें। यदि आप को कुछ समझना ही है तब, सम्बन्धित विभाग में व्यक्तिगत जाकर समस्या समझने का प्रयास करें।**
7. **डिजिटल अरेस्ट नाम का कोई शब्द क़ानून के अस्तित्व में नहीं है। और न ही वीडियो पर आपकी पेशी या कोई**

मुकदमा चलाने का कोई क़ानून है। सलाह है कि किसी भी लालच, प्रलोभन या ग़ैर-क़ानूनी संलिप्तता से दूर रहें, यदि अनजाने में कहीं किसी वजह से आप का नाम इससे जुड़ता है तब आप अपने क्षेत्र के सम्बन्धित एजेंसी के बड़े अधिकारी से मिलकर समाधान खोजें या वकील की सहायता लें।

10

आन्तरिक सुरक्षा के नये टूल्स-ए.आई. डिटेक्टर

आर्टिफ़िशियल इंटेलिजेंस आन्तरिक सुरक्षा के कवच के रूप में मानवता के लिए बड़ा वरदान साबित हो रहा है। इसके द्वारा आतंकियों की वार्तालाप को इन्टर्सेप्ट करके बड़ी आतंकवादी घटनाओं के होने के पहले ही, आतंकियों की धरपकड़ की जाती है। इसी प्रकार बैंकों में ए.आई. की मदद से अवैध लेनदेन की सूचना सुरक्षा एजेंसियों तक पहुँच जाती है जिससे अवैध लेनदेन को बीच में ही रोक दिया जाता है। कम्प्यूटर हैकर के हैकिंग अटेम्पट को भी ए.आई. पकड़कर सम्बन्धित कम्प्यूटर उपयोगकर्ता को या संस्थान को सूचित करने का काम करते हैं।

आन्तरिक सुरक्षा में ए.आई. को कई तरीक़ों से डीप लर्निंग विधि को प्रयोग में लाया जा रहा है। डीप लर्निंग इसका मुख्य आधार है जिसमें

वस्तुतः हज़ारों की संख्या में विभिन्न श्रोतों से प्राप्त डेटा जिसमें सूचनाएँ, तस्वीरें, आँकड़े, ग्राफ़ तथा विभिन्न खोजों से प्राप्त रिपोट्र्स का विश्लेषण करते हुए समानता और असमानता का अध्ययन है।

अपराध की रोकथाम और जाँच: ए.आई. का उपयोग अपराध डेटा का विश्लेषण करने और भविष्य की आपराधिक गतिविधि की भविष्यवाणी करने, लक्षित हस्तक्षेप और जाँच की अनुमति देने के लिए किया जा सकता है। इसके जोखिमों को कम करते हुए आन्तरिक सुरक्षा के लिए ए.आई. के लाभों का उपयोग करने की कुँजी विशेष एजेंसियों की तत्परता और ज़िम्मेदार तैनाती में निहित है।

सुरक्षा के लिए ए.आई. का एक बड़ा उदाहरण पैटर्न की पहचान करने के लिए उपयोगकर्ता के व्यवहार का विश्लेषण करने के लिए मशीन लर्निंग एल्गोरिदम का उपयोग है। यह समझकर कि सामान्य क्या है, ये सिस्टम असामान्य व्यवहार का पता लगा सकते हैं जो साइबर हमले का संकेतक हो सकता है।

कृत्रिम बुद्धिमत्ता (ए.आई. निम्नलिखित तरीक़ों से ख़तरे का पता लगाने, प्रतिक्रिया क्षमताओं और समग्र साइबर सुरक्षा उपायों को बढ़ाकर सुरक्षा में सुधार करती है:

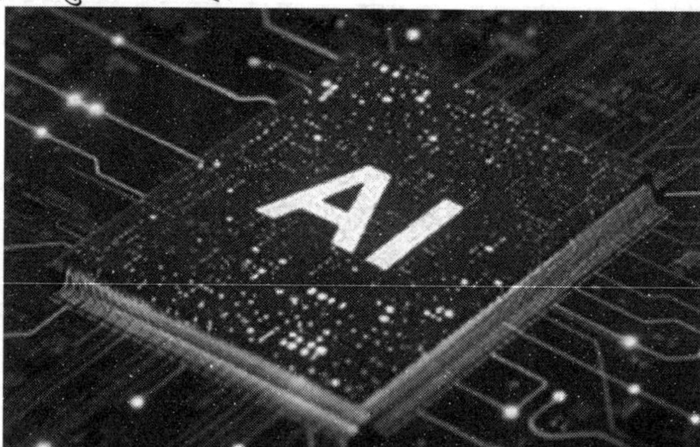

1. **उन्नत ख़तरे का पता लगाना** : एडवांस स्टेज के सम्भावित ख़तरे अधिकतर आतंकवाद से पोषित उच्च स्तरीय ख़तरे और उससे जुड़े जोखिम होते हैं। उसके लिए रियल टाइम यानी वास्तविक समय की निगरानी बहुत ज़रूरी रहती है। ए.आई. द्वारा विभिन्न डीप लर्निंग के द्वारा असामान्य पैटर्न और व्यवहार के लिए डेटा का विश्लेषण करता है, जिससे सुरक्षा एजेंसीज़ का गोपनीय विभाग ख़तरे का शीघ्र पता लगाने में सक्षम होता है।
2. **इंटेलिजेंस का अन्तर्दृष्टि** : ए.आई. टूल्स के माध्यम से इंटेलिजेंस से जुड़ी एजेंसीज़ को अन्तर्दृष्टि मिलती है जो अन्यत्र उपलब्ध नहीं है जो सम्भावित ख़तरों और अवसरों की चेतावनी देती है।
3. **नीति विकल्पों के चयन में सहायक** : सरकारें अपने देश और विदेश में चल रही नीतियों का तुलनात्मक अध्ययन करते हुए प्रस्तावित नीति विकल्पों के सम्भावित परिणामों का आकलन करती है। विदेशी अधिकारियों पर नेतृत्व प्रोफ़ाइल प्रदान करती है और इसका सबसे बड़ा लाभ विदेश से आमन्त्रित आधिकारिक यात्रियों को प्रति-खुफिया और सुरक्षा ख़तरों के बारे में सूचित करती है।
4. **आर्थिक अपराध पर ए.आई. का शिकंजा** : आन्तरिक लेखा परीक्षा में AI महत्त्वपूर्ण भूमिका आजकल बन रही है। इसके अन्तर्गत ए.आई. व्यापक वित्तीय डेटा का विश्लेषण करके धोखाधड़ी का पता लगाने की ख़ुफ़िया जाँच को आगे बढ़ाता है। गहरी अन्तर्दृष्टि प्रदान करके जोखिम मूल्यांकन को उन्नत किया जाता है। प्रारम्भिक मुद्दे की पहचान के माध्यम से ए.आई. से निरन्तर ऑडिटिंग का लाभ मिलता है। इसका उजला पक्ष यह है कि स्वचालित जोखिम मूल्यांकन के साथ बैंक ग्राहकों को सुरक्षित कर रहे हैं। वहीं सरकारी ऑडिट योजना में सुधार भी किया गया है।

11

सम्भावनाएँ तलाशें–ए.आई. टूल्स डाइरेक्टरी आदि

आर्टिफ़िशियल इंटेलिजेंस से इनबिल्ट हज़ारों की संख्या में अलग-अलग कामों के टूल्स आजकल बाज़ार में हैं। हमने देखा कि कम्प्यूटर सॉफ़्टवेयर या एप्लीकेशन द्वारा जो काम पहले हम किया करते थे उन सब को अब ए.आई. की मदद से करना आसान हो गया है। थोड़े से प्रशिक्षण और अभ्यास से आप माइक्रोसॉफ़्ट के वर्ड, एक्सल, पावरपॉइंट आदि कार्यों को ज़्यादा सटीक और तेज़ गति से कर सकते हैं। उदाहरण के लिए डिज़ाइनर ए.आई. टूल एक स्लाइड पर जानकारी को देखने और दिखाई जा रही जानकारी के अनुरूप डिज़ाइन सुझाव देने के लिए मशीन लर्निंग के लिए एल्गोरिदम का उपयोग करता है। यह स्मार्ट ए.आई. तकनीक लिखी सामग्री या टेक्स्ट आदि और छवियों दोनों को पहचान सकती है और लेआउट विकल्प प्रदान करती है जो उन्हें बेहतर बनाती है। इस एल्गोरिदम से आपको बेहतर और तेज़ परिणाम प्राप्त होते हैं। आज के प्रतिस्पर्धा के युग में जॉब देने वाली एच आर कम्पनी अपने हायर के पैमाने में ए.आई. के जानकारों को इसीलिए वरीयता दे रहीं हैं।

इस अध्याय में हम आपको वे सभी रास्ते दिखा, समझा रहें हैं जहाँ आप अपनी कार्य क्षमता को तेज़ गति के साथ एडवांस स्टेज तक

सरलता से ले जा सकते हैं। उक्त के लिए आप किसी सर्च इंजन में जाने के बजाय सीधे वहीं पहुँच सकते हैं, जहाँ आपको समाधान मिले। वर्तमान में कई वर्कशॉप और सेमीनार आपको इसी जगह आने की ट्रेनिंग भी दे रहें हैं।

एक मात्र और चर्चित ए.आई. टूल निर्देशिका डांग ए.आई. (Dang.ai) को पहचाने

जैसा कि हम पहले बता चुके हैं कि ए.आई. से सम्बन्धित कम्पनीज़ द्वारा तेज़ गति से सटीक कार्य करने के तमाम ए.आई. टूल्स/उपकरण बाज़ार में उतारे गये हैं। प्रोफ़ेशनल उपयोगकर्ता इसका लाभ ले रहे हैं और अपनी

कार्य क्षमता को बढ़ा रहे हैं। इन सब ए.आई. टूल्स को कहाँ खोजें, ताकि हम उसको अपने काम के लिए ले सकें, इस विचार को सुविधा दे रहा है।

गूगल का डांग ए.आई. (Dang.ai) यह हर प्रकार से सर्वोत्तम ए.आई. टूल्स की निर्देशिका है। ए.आई. कॉपी राइटिंग, ए.आई. इमेज जेनरेटर, ए.आई. वीडियो क्रिएटर्स आदि श्रेणियों से 5000 से अधिक ए.आई. टूल आप इसके द्वारा ब्राउज़ करें और संतोषजनक रूप से अपने कार्य क्षेत्र में सफल हो सकते हैं।

डांग की डाइरेक्टरी में चर्चित ए.आई. टूल निम्नलिखित हैं-

क्रमशः

1. **ए.आई. डिज़ाइन उपकरण**
2. **ए.आई. लेखन उपकरण**
3. **ए.आई. वर्डप्रेस प्लगइन्स और टूल्स**
4. **ए.आई. गूगल डॉक्स टूल्स**
5. **टेक्स्ट टूल्स से ए.आई. इमेज जेनरेटर**
6. **बिजनेस ए.आई. उपकरण**
7. **ए.आई. सहायक उपकरण**
8. **ए.आई. मार्केटिंग उपकरण**
9. **ए.आई. उत्पादकता उपकरण**
10. **ए.आई. कोड राइटर्स और जेनरेटर टूल्स**
11. **ए.आई. चैटबॉट उपकरण**
12. **ऑडियो ए.आई. उपकरण**
13. **लोकप्रिय एकीकरण**
14. **ए.आई. माइक्रोसॉफ़्ट वर्ड टूल्स और जेनरेटर**
15. **Shopify AI ऐप्स और टूल्स**

16. जैपियर ए.आई. टूल्स और जैप्स
17. सुस्त ए.आई. बॉट्स और सारांश
18. ट्विटर ए.आई. बॉट्स और टूल्स
19. Google शीट्स AI प्लगइन्स
20. ए.आई. जीमेल उपकरण और एकीकरण
21. पिंटरेस्ट उपकरण
22. मृत ए.आई. उपकरण
23. ए.आई. डिज़ाइन टूल्स
24. आदि आदि।

लेखक परिचय

नाम : अवधेश कुमार [लेखकीय नाम–अवधेश सिंह]

जन्म : जनवरी 4, 1959, प्रयाग, उत्तर प्रदेश, भारत।

पिता का नाम : स्व. बेनी प्रसाद सिंह एवं **माता का नाम** : स्व. सोमा देवी

शिक्षा : विज्ञान स्नातक, मार्केटिंग मैनेजमेंट में पोस्ट ग्रेजुएट डिप्लोमा एवं एम.बी.ए. इग्नू, टेलिकॉम इंजीनियर, डिजिटल मार्केटिंग विशेषज्ञ

सम्प्रति : सेवानिवृत प्रथम श्रेणी अधिकारी, टेलिकाम इंजीनियरिंग सर्विसेस भारत सरकार एवं

प्रतिनियुक्ति : सेवानिवृत भारतीय सूचना सेवा के वरिष्ठ मीडिया अधिकारी के पद पर भारत सरकार के सूचना प्रसारण मंत्रालय से सम्बद्ध रहे।

व्यावसायिक लेखन के साथ साहित्य की विभिन्न विधाओं जैसे कविता, कहानी, आलेख, समीक्षाएँ, आलोचना पर अब तक कुल 12 कृतियों का प्रकाशन है। विवरण निम्नलिखित है–

1. छूना बस मन–वर्ष 2013–प्रेम कविताओं का संकलन
2. ठहरी बस्ती ठिठके लोग–वर्ष 2015–सरोकार से जुड़ी कविताएँ
3. नन्हें पंछी–वर्ष 2018–बाल कविताएँ

4. मोर पंख–वर्ष 2018–सम्पादन–51 कवियों की कविताएँ
5. मेरी अनुभूतियाँ–वर्ष 2019 प्रतिनिधि कविताएँ
6. दुनिया जब ठहर गयी–वर्ष 2021 कोरोना आपदा पर–पत्रकारिता
7. वतन को वापसी–वर्ष 2022 कोरोना आपदा पर कहानी संग्रह
8. तालाबंदी–वर्ष 2022 कोरोना वैश्विक आपदा पर पत्रकारिता
9. एहसास की दुनिया–वर्ष 2023 पंजाबी अनुवाद डॉ गुरुचरण कौर कोचर
10. अंतस की अनुभूति–वर्ष 2023 दोहा संकलन
11. आर्टिफ़िशियल इंटेलिजेंस वर्ष 2023–प्रविधि टेक्नोलॉजी
12. हथेली पे चाँद–वर्ष 2024 प्रेम कविताओं का संकलन

मौलिक लेखन और हिन्दी सेवा के लिए प्राप्त पुरस्कार/सम्मान आदि का विवरण–

1. लोकरंजन सम्मान-2024 कहानी संग्रह "वतन की वापसी" कृति
2. शोध समीक्षा पत्र के लिए अन्तरराष्ट्रीय साहित्य कला मंच सम्मान 2024
3. राष्ट्रीय प्रज्ञा सम्मान-2022 कृति "ठहरी बस्ती ठिठके लोग-2015"
4. विद्या सागर सारस्वत सम्मान-2022, विक्रमशिला हिन्दी विद्यापीठ भागलपुर बिहार
5. निर्भीक पत्रकारिता अवार्ड-2019, न्यूज़ एक्स एक्स एक्स-9 नोएडा
6. लोक जागृति गौरव सम्मान-2019, लोक जागृति सामाजिक संस्था, गाज़ियाबाद
7. हिन्दी सेवा सम्मान-2018, राष्ट्रीय संयुक्त कर्मचारी अधिकारी फोरम, दिल्ली

8. कुशवाहा कान्त स्मृति पुरस्कार 2018, महात्मा फुले फाउंडेशन, आगरा
9. हिन्दी समर्पण के लिए "सराहना प्रमाण पत्र-2018" बीएसएनएल निगम का. दिल्ली
10. कुशवाहा कान्त स्मृति पुरस्कार-2018, कुशवाहा सन्देश पत्रिका , कानपुर
11. माँ वीर स्मृति सम्मान-2018, नन्द लाल शिक्षण प्रशिक्षण संस्थान, इटावा
12. हिन्दोस्तां हमारा सम्मान-2018, आर्थिक पहल मंच व प्राइम न्यूज़ चैनल दिल्ली
13. समाज गौरव सम्मान -2016, तथागत शाक्य मुनि गौतम बुद्ध संस्था, दिल्ली
14. ताज़ ऐ हिंदुस्तान-2016, भारतीय साहित्य संगम, गुरुग्राम हरियाणा
15. हिन्दी समर्पण के लिए उत्कृष्ट सेवा सम्मान-2016 राजभाषा से सम्बन्धित, बीएसएनएल निगम का दिल्ली

- सम्बद्धता अध्यक्ष संयोजक "पेड़ों की छाँव तले फाउंडेशन" पंजीकृत पर्यावरण व साहित्य पर समर्पित सामाजिक ग़ैर-व्यावसायिक संस्था
- सम्पादकीय सहयोग–पुस्तक 'गाज़ियाबाद के कवि', कन्या महाविद्यालय जालंधर की शोध पत्रिका 'उन्मीलन', त्रैमासिक 'प्रज्ञापरमिता'
- स्तम्भ लेखन–दिल्ली एनसीआर के न्यूज़ साप्ताहिक पत्र 'आफ़्टर ब्रेक'

पता-फ़्लैट क्रमांक-6152, एटीएस नोबलिटी, सेक्टर-4, शाहबेरी, ग्रेटर नोएडा वेस्ट, ज़िला गौतम बुद्ध नगर (उत्तर प्रदेश), पिन-201318

सम्पर्क-9450213555

ईमेल-apcskp@hotmail.com